中国室内设计档案2016

Chinese interior design file 2016

策划：金堂奖出版中心

本书编委会 编

（上册）

中国林业出版社
China Forestry Publishing House

图书在版编目（CIP）数据

中国室内设计档案. 2016 /《中国室内设计档案》编委会编. -- 北京：中国林业出版社, 2016.5
ISBN 978-7-5038-8542-6

Ⅰ. ①中… Ⅱ. ①中… Ⅲ. ①室内装饰设计－作品集－中国－现代 Ⅳ. ①TU238

中国版本图书馆CIP数据核字(2016)第103225号

策划：李有为
主编：谢海涛 李有为

中国林业出版社 · 建筑分社

责任编辑：纪 亮 王思源
装帧设计：北京万斛卓艺文化传播有限公司

出版：中国林业出版社
（100009 北京西城区德内大街刘海胡同 7 号）
http://lycb.forestry.gov.cn/
电话：（010）8314 3518
发行：中国林业出版社
印刷：北京利丰雅高长城印刷有限公司
版次：2016年8月第1版
印次：2016年8月第1次
开本：225mm × 305mm，1/16
印张：51.5
字数：450千字
定价：800.00元（上、下册）

目录
CONTENTS

酒店空间 HOTEL

办公空间 OFFICE

餐饮空间 RESTAURANT

展示空间 EXHIBITION

公共空间 PUBLIC

Hotel

酒店空间

花迹酒店 HUA JI HOTEL

济南禧悦东方酒店 XIYUEDONGFANG HOTEL

雅诗阁大连盛捷天城服务公寓 ASCOTT DALIAN SOMERSET AMAGI SERVICED APARTMENT

大慈寺文化商业综合体 DACI CULTURAL AND COMMERCIAL COMPLEX

爷爷家青年旅社 PAPA'S HOSTEL

桔子水晶酒店 CRYSTAL ORANGE HOTEL

山西太原君豪铂尊酒店(精品店) SHANXI SOVEREIGN BOZUN HOTEL

郑州JW万豪酒店 JW MARRIOTT ZHENGZHOU

墅家墨娑 VILLAVIAAA MASVA

云南建水听紫云精品酒店 TINGZIYUN DELICATE HOTEL OF JIANSHUI IN YUNNAN PROVINCE

重庆锦悦恒美酒店 CHONGQING JASMINE INN HOTEL

花迹酒店 HUAJI HOTEL

项目名称 _ *花迹酒店* / **主案设计** _ *余平* / **参与设计** _ *马喆、逯捷、蒲仪军* / **项目地点** _ *江苏省南京市* / **项目面积** _ *1300 平方米* / **投资金额** _ *500 万元* / **主要材料** _ *旧砖、旧木、纯棉布织品等*

A 项目定位 Design Proposition

“花迹”坐落于南京历史街区，设计保留了原生建筑体上的“踪迹”之美；对受损部位进行文物式修复；在院落、墙头、窗台处大量植花种草，构成“花”与“迹”的主题。

B 环境风格 Creativity & Aesthetics

去掉装修式语言，不吊顶，无踢脚线，无门窗套，无消防栓门……，彻底避免物料开裂问题，让室内获得“长寿”。将室内墙体上的锐角打磨成圆角，用建筑语言来表达，简约，实用，经济。 每个空间都有方便开启的窗户，阳光照进，空气流通。使用吊风扇，吐故纳新，提高空气质量。

C 空间布局 Space Planning

呈现原建筑本真的空间尺度与优良的质感基因。

D 设计选材 Materials & Cost Effectiveness

选旧砖、旧木、纯棉布织品等有生命属性的材料，将它们融入空间，并成为室内最终“品质”的担当者。

E 使用效果 Fidelity to Client

得到了投资人与历史街区管委会的高度认可，经营起步良好。

花迹酒店
HUAJI HOTEL

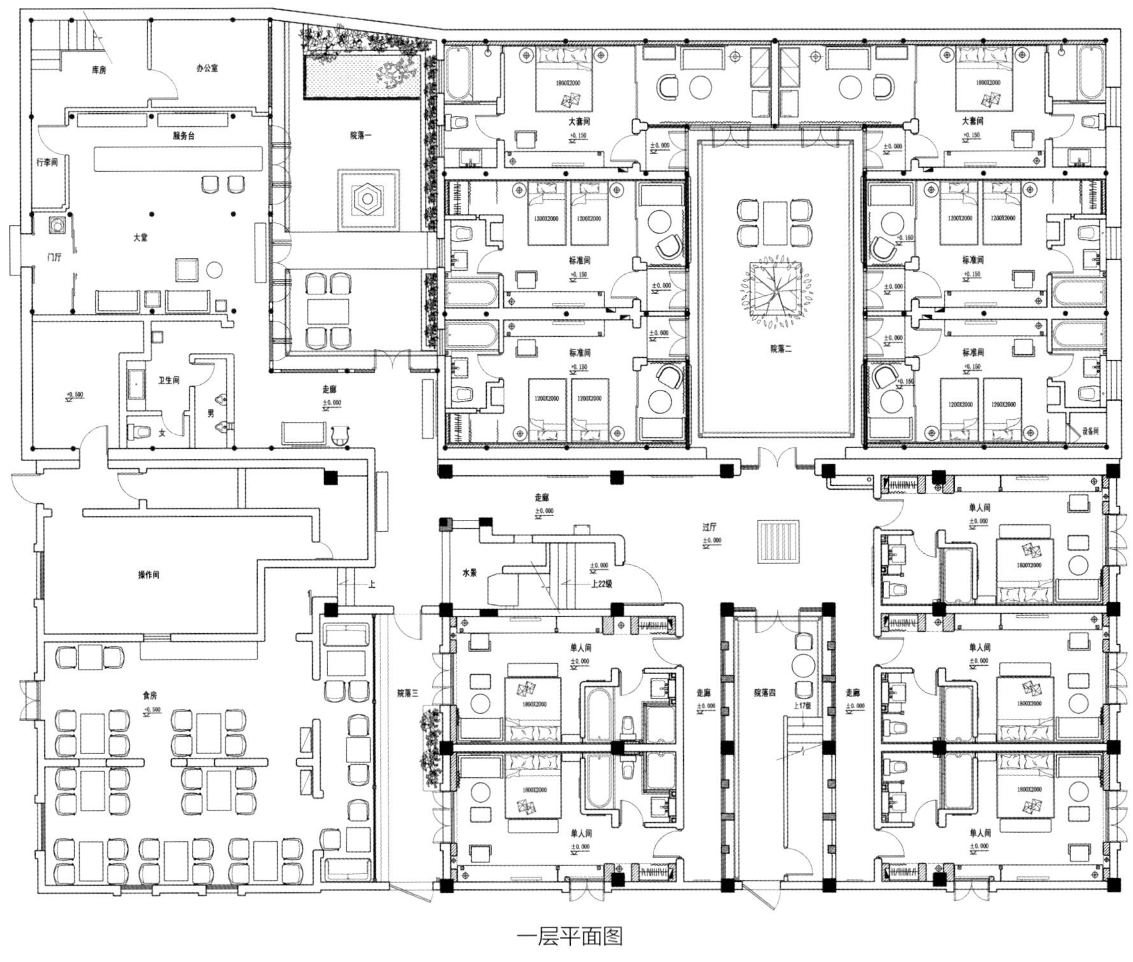

库房
办公室
服务台
行李间
大堂
门厅
院落一
卫生间
男
女
走廊
操作间
食房
院落二
大套间
标准间
单人间
过厅
水景
院落三
院落四
设备间

一层平面图

济南禧悦东方酒店
XIYUEDONGFANG HOTEL

项目名称 _ 济南禧悦东方酒店 / **主案设计** _ 王远超 / **参与设计** _ 何勇、吕韶华、崔越、张述方、庄鹏、庞永甲、陈志杰、贾志远、闫海收、杜帅、王冠、蒋莹莹、贾铭莉、王桂朋、王凡 / **项目地点** _ 山东省济南市 / **项目面积** _ 50000 平方米 / **投资金额** _ 22000 万元

A 项目定位 Design Proposition

禧悦东方酒店是济南首家本土自主品牌五星级酒店，设有 400 余间客房并配以现代化餐饮、宴会、会议及康乐设施，并融入热情周到的服务，酒店毗邻国际会展中心，地段绝佳，交通便捷，是商旅人士的理想落脚点。

B 环境风格 Creativity & Aesthetics

酒店设计灵感来自中国“天人合一”的哲学思想，结合泉城济南独特的人文气韵，在尊重传统文化脉络的同时又有所创新，以丰富的中国色彩及中式空间层次感将现代元素和传统元素融合在一起，使西方美学理性和东方文化浪漫合理兼容，以现代人的审美需求诠释中国传统韵味的空间环境。

C 空间布局 Space Planning

利用并改造原有建筑布局，实现公共空间之间的遥相呼应，私密空间的层次与质感。

D 设计选材 Materials & Cost Effectiveness

打破传统选材的限制，以多种材料的融合，搭配出东方文化意境的延展。

E 使用效果 Fidelity to Client

让宾客远离尘世的喧嚣，在自然雅致的环境中获得身心双重享受。

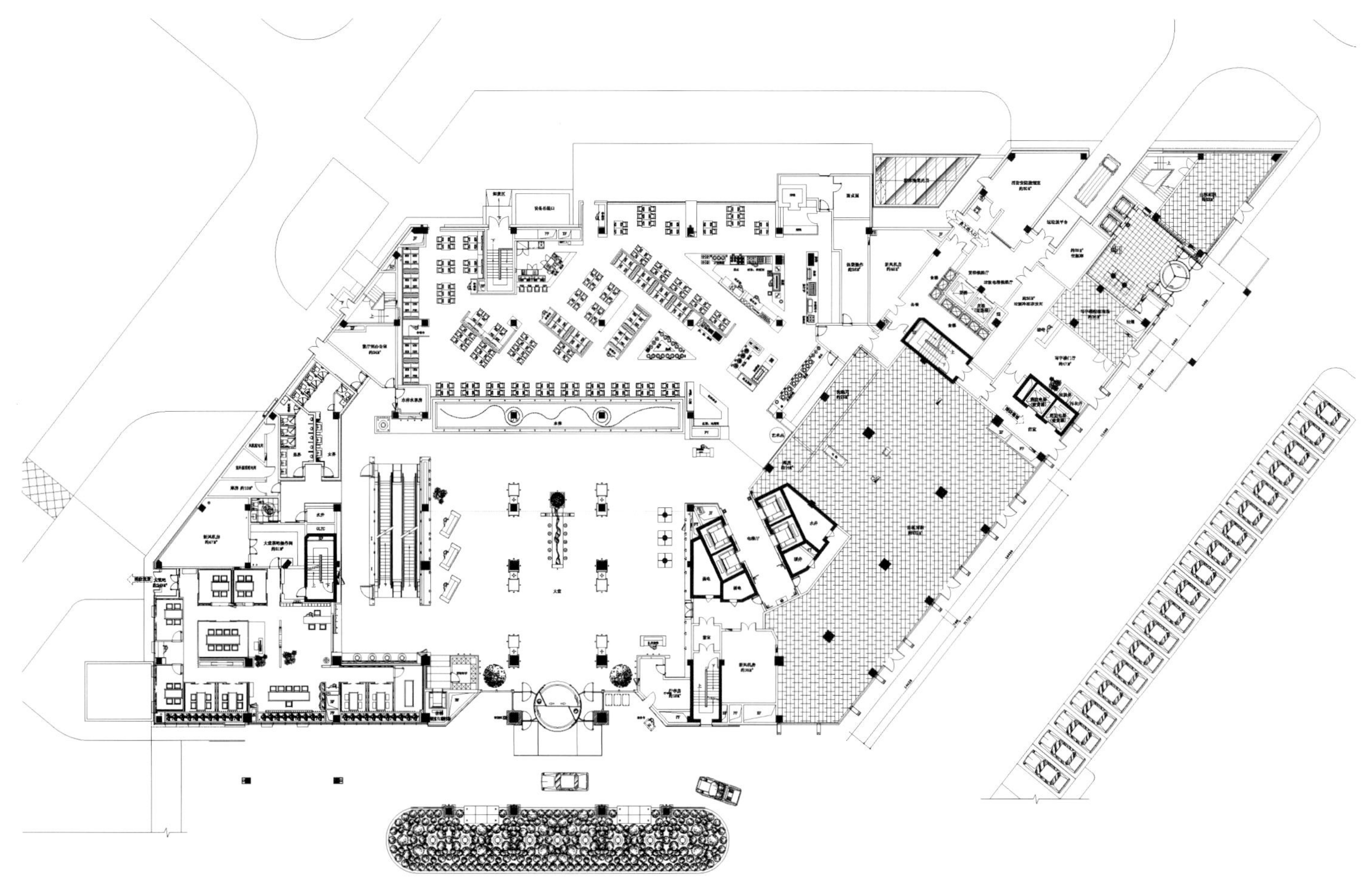

一层平面图

茶

Menu

MEAT
Fresh

雅诗阁大连盛捷天城服务公寓

ASCOTT DALIAN SOMERSET AMAGI SERVICED APARTMENT

项目名称 _ 雅诗阁大连盛捷天城服务公寓 / **主案设计** _ 梁础夫 / **参与设计** _ 彭福龙 / **项目地点** _ 辽宁省大连市 / **项目面积** _1100 平方米 / **投资金额** _580 万元 / **主要材料** _ 木材、布料等

A 项目定位 Design Proposition

以国际化的设计语言诉求一种简单的美，给住客温暖的亲和力而又不失高级公寓的尊贵气质。

B 环境风格 Creativity & Aesthetics

整体设计风格统一，简洁而明快。大方显示出强烈的纵深感，加之以清透、明媚的光色渲染，工整气派、大家风范，反衬公寓现代时尚的特性，以干练快捷的设计节奏，展示出质量与效率并举的时代精神。

C 空间布局 Space Planning

功能区域清新明快的线条和色调，使各个休闲空间形成了一段宜人的间奏曲。结合突出的立体感和节奏感，不同空间在对比中达成和谐，不仅持续风格的统一，更呈现出高雅的气质。

D 设计选材 Materials & Cost Effectiveness

以木材及柔软的布料等材质来营造出理想的艺术生活空间。

E 使用效果 Fidelity to Client

受到消费者的一致好评。

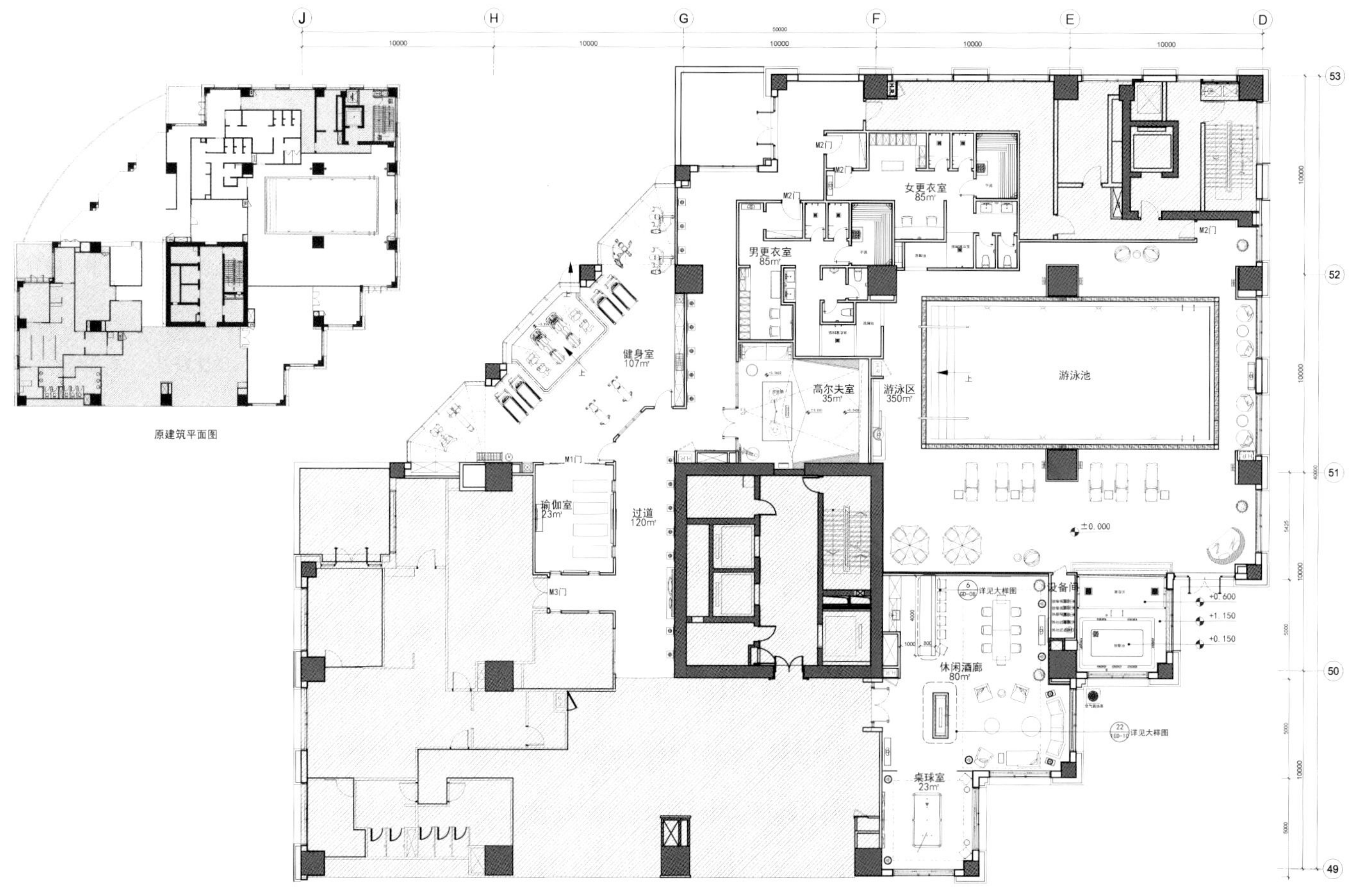
原建筑平面图
女更衣室
85㎡
男更衣室
85㎡
健身室
107㎡
高尔夫室
35㎡
游泳区
350㎡
游泳池
瑜伽室
23㎡
过道
120㎡
休闲酒廊
80㎡
桌球室
23㎡
设备间

平面图

50yd
Ball speed 22.5 m/s
Launch angle
Azimuth
Backspin
Side spin
Side var.
Head speed
Face angle
Tee
MENU
Driver
Callaway

大慈寺文化商业综合体
DACI CULTURAL AND COMMERCIAL COMPLEX

项目名称 _ 大慈寺文化商业综合体 / **主案设计** _ 蔡敏希 / **项目地点** _ 四川省成都市 / **项目面积** _22775 平方米 / **投资金额** _493 万元 / **主要材料** _ 不锈钢、皮革、木皮、墙纸、地毯等

A 项目定位 Design Proposition
不同于该地区其他普通商务酒店，以设计师的力量用有限投资打造一个全新艺术的时尚酒店。

B 环境风格 Creativity & Aesthetics
改变酒店原来新古典欧式外观常用的米黄色调，用深灰浅灰色让整个外观内敛，低调神秘。室内设计以现代手法为主，为了与欧式外观达到统一，在柱子、灯具、家具上运用了西方典型的浪漫主义线条造型，并搭配了欧洲的建筑摄影画、雕塑小品与之呼应。

C 空间布局 Space Planning
放弃了酒店其他回报率低的配套空间，只保留大堂、多功能餐厅、会议室和客房，在客房中让盥洗台面、洗浴和坐便区各自独立以方便同时使用。

D 设计选材 Materials & Cost Effectiveness
用材上大量运用黑白灰无色系的材料：黑色不锈钢、灰色皮革、深褐色木皮、灰色墙纸和灰色地毯，还有烘托出整个空间定制设计的有色系家具和艺术品。

E 使用效果 Fidelity to Client
整个酒店开张短短一个月，入住率突破 85%，对于一个只有快捷酒店的投资标准，却达到如此感官效果好和回报率高的酒店，业主方和入住客人都非常满意。

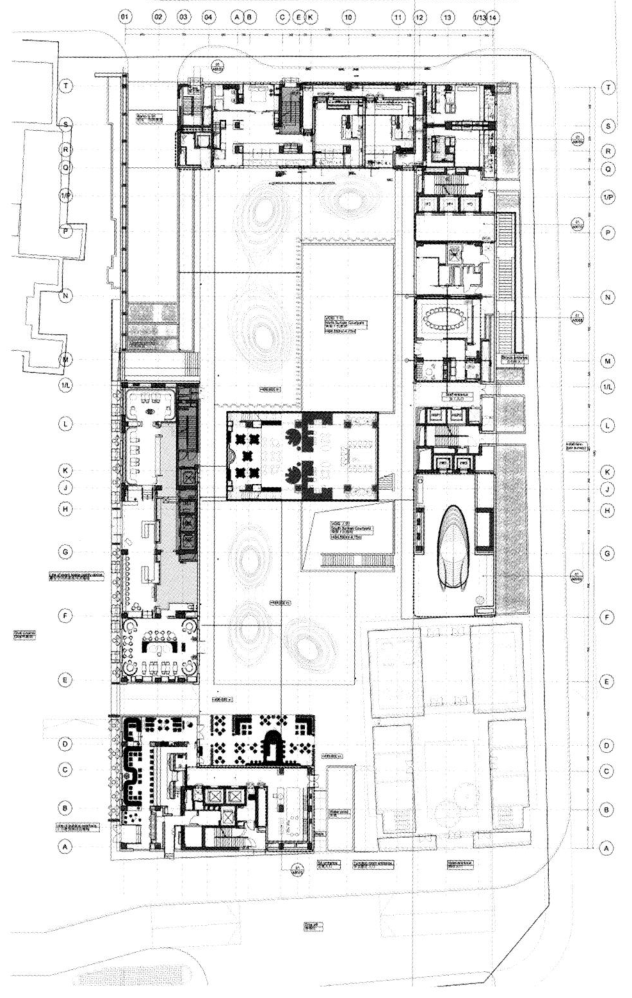

一层总平面图

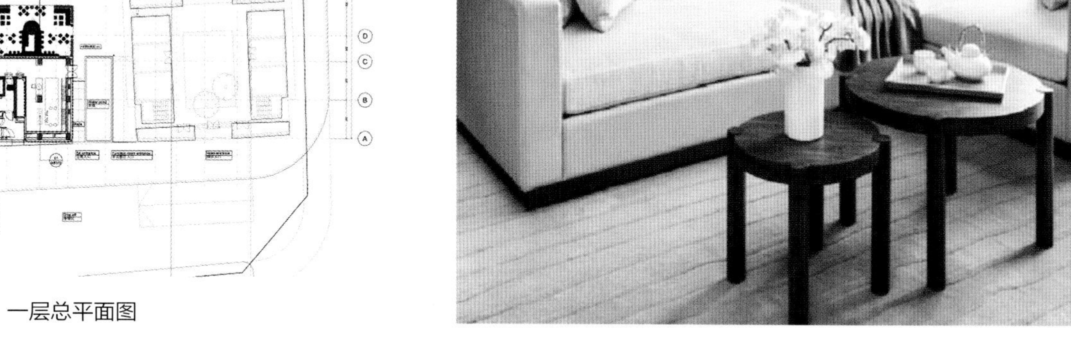

爷爷家青年旅社
PAPA'S HOSTEL

项目名称_ *爷爷家青年旅社* / **主案设计** _ *何崴* / **参与设计** _ *张昕、陈龙、韩晓伟、李强、周轩宇、陈煌杰* / **项目地点** _ *浙江省丽水市* / **项目面积** _ *270 平方米* / **投资金额** _ *20 万元* / **主要材料** _ *阳光板、当地乡土材料等*

A 项目定位 Design Proposition

此青年旅社位于浙江丽水松阳县平田村。这个村落环境优美，但如同很多中国村庄一样，已经成为了留守村落。本案是一个普通农房改造项目，原建筑属于业主的爷爷，因此得名“爷爷家青年旅社”。本案旨在通过空间改造和新的业态定位，激活农村老建筑和带动整个村落发展，为来这个村庄的年轻人提供一个具有活力的、富于视觉和感知张力的临时性住所。

B 环境风格 Creativity & Aesthetics

本案位于一个中国传统村落中，周边建筑都为百年左右的夯土房，因此在建筑外观上，我们尽量保留原建筑的面貌，与环境和谐统一。建筑外观保留原有夯土的厚重感、时间感和沧桑感。唯一的变化是在原有建筑二层面向风景的一侧开设了一个新的带窗，既满足了新功能通风、采光的需求，又提供给使用者很好的观景点。

C 空间布局 Space Planning

为了尊重老建筑的结构，我们的新建和改造处理力求可逆。原有一楼为独立的三个隔间，我们将中间的隔板拆除，形成一个可供居住者和游客停留、交流的公共空间；二楼原为农民停放杂物和粮食的空间，我们植入了一组独立于原结构的居住单元体——房中房。它可拆卸、可移动，可以在未来被移除从而恢复原有建筑的空间布局；轻薄、半透明，是一个可以和使用者互动的构造，使用者可以通过推动房中房自主改变室内空间布局。

D 设计选材 Materials & Cost Effectiveness

新加入的居住单元选用了 2cm 厚的阳光板，它具有丰富的视觉透明性，不仅可以有限制地遮挡视线，形成半透明的效果，也可以与灯光结合，通过自身的折射、反射、衍射形成丰富的、不可捉摸的、甚至是迷幻的空间感受。阳光板材料也和原始土、木结构构建形成了强烈的视觉对比，给空间以张力。

E 使用效果 Fidelity to Client

这是一个非常规的旅店，服务人群为来自世界各地的年轻人，他们敏感、躁动、充满活力并富于创造。这个青旅现在虽然处于试运营阶段，但已经收获了大量的好评。很多人慕名而来，为当地村落的农民带来了活力、影响力和客观的经济收入。

CHICAGO

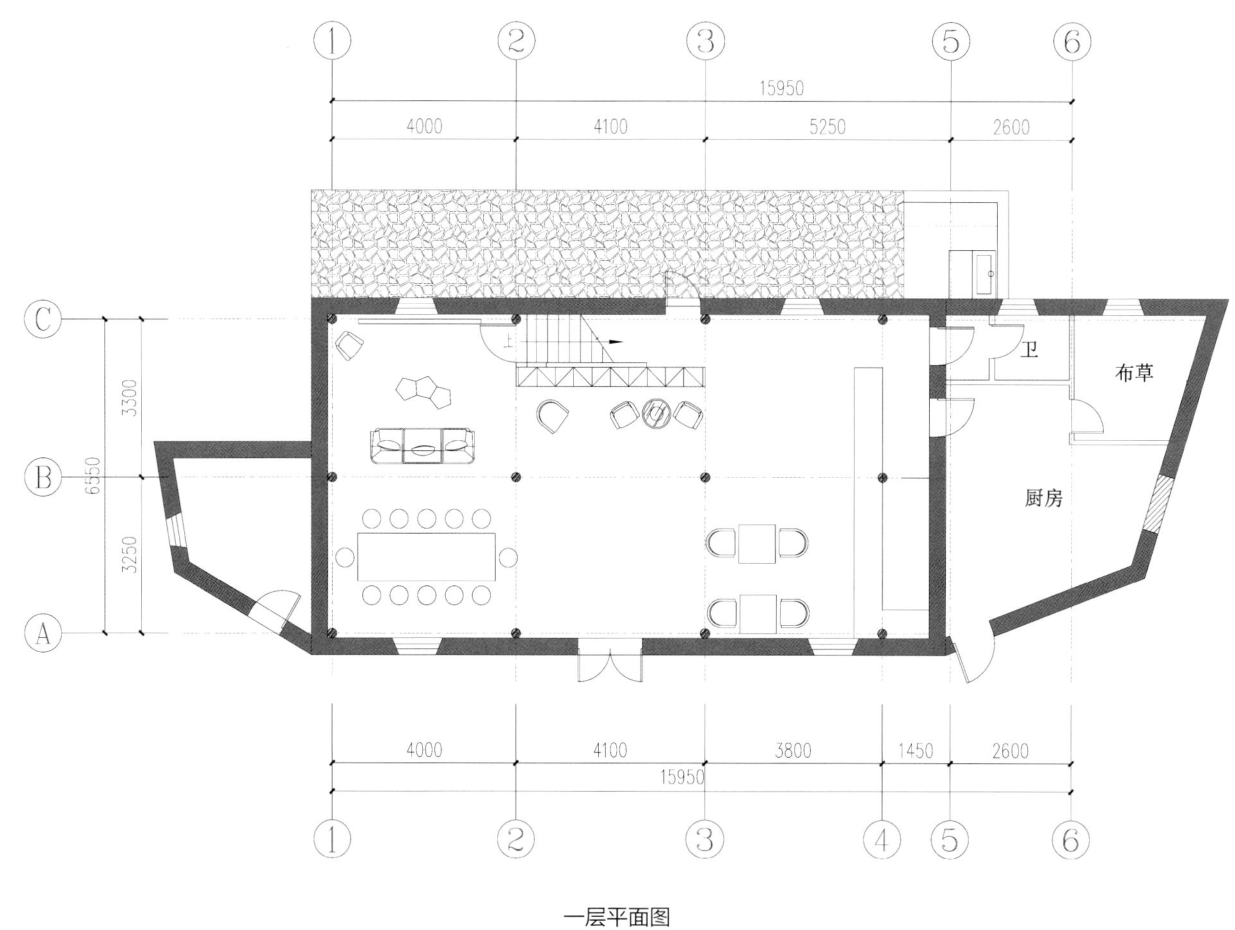
1
2
3
5
6
15950
4000
4100
5250
2600
C
B
A
3300
6550
3250
上
卫
布草
厨房
4000
4100
3800
1450
2600
15950
1
2
3
4
5
6

一层平面图

桔子水晶酒店
CRYSTAL ORANGE HOTEL

项目名称 _ *桔子水晶酒店* / **主案设计** _ *潘冉* / **项目地点** _ *江苏省南京市* / **项目面积** _ *570 平方米* / **投资金额** _ *285 万元* / **主要材料** _ *穿孔铝板、钢琴漆面等*

A 项目定位 Design Proposition
作为酒店类建筑空间，除了本身常规的住宿餐饮等传统功能，为路途中疲惫的旅人提供一个可以无事停留的地方，在尊重个人隐私的同时，在公共空间内塑造一个可以让人们围城一圈的“大客厅”不仅保留了原本酒店大堂的使用功能，同时它成为了一个有温度的客厅；到了晚间，随着灯光、声响和主题的变换处理，他又可能变化成一个艺术音乐等活动的小型空间，某种意义上说用“文化沙龙”来定义可能相对更加准确。

B 环境风格 Creativity & Aesthetics
大堂具备优越的临街界面，设计师将自然界的元素采摘洗练，别过室外的芦苇丛，穿过门廊的芦苇意向，路过等待区高大的桔子树，走过总台背景上翩翩飞舞的蝴蝶，一直到垂直交通厅萤火再现。设计师用空间介面的层层叠加与反复咏唱为我们打造了一个抽象的田园映像。

C 空间布局 Space Planning
设计师从几何学进行思考，将现实的藩篱形象化，将固有形态切割分解，利用形象的渐变、疏密的渐变配合思维的延续，以及虚实渐变的手法打开空间延展性。同时从建筑空间尺度整体上考量，进深稍显欠缺。进深短浅导致建筑内部与外界的关系必须非常谨慎的处理。设计师选择淡化内与外的界限，力求将空间保持在一种既开放又闭合的平衡状态。为了使交通通而不畅，更有趣味感，又在门廊出稍微设置了一个小“障碍”。双重门廊组织人流从两侧绕行后汇聚在景观的中轴线上，颇有种中式影壁的风味。拉长了空间体验路径的同时在保温节能等方面也起着积极的作用。

D 设计选材 Materials & Cost Effectiveness
材料上使用了穿孔铝板、清澈透明的钢琴漆面，以冷暖平衡的环境色彩，并将自然植物变形成灯具，形成星点成片的空间照明。

E 使用效果 Fidelity to Client
有一位入境者是这样描述当时的心情“当年华老去，一程山水、一段故事、一个过客感悟着自净其志，不忘初心的坚持，穿越了轻寒的窗棂，温暖绽放缤纷的篇章。” 也有人觉得“那一串串灯光像极了小时候山林中的萤火，”桔子树“使人回忆起婆婆院里的柿子树以及她抚摸过我面庞略带皱纹的温度。”

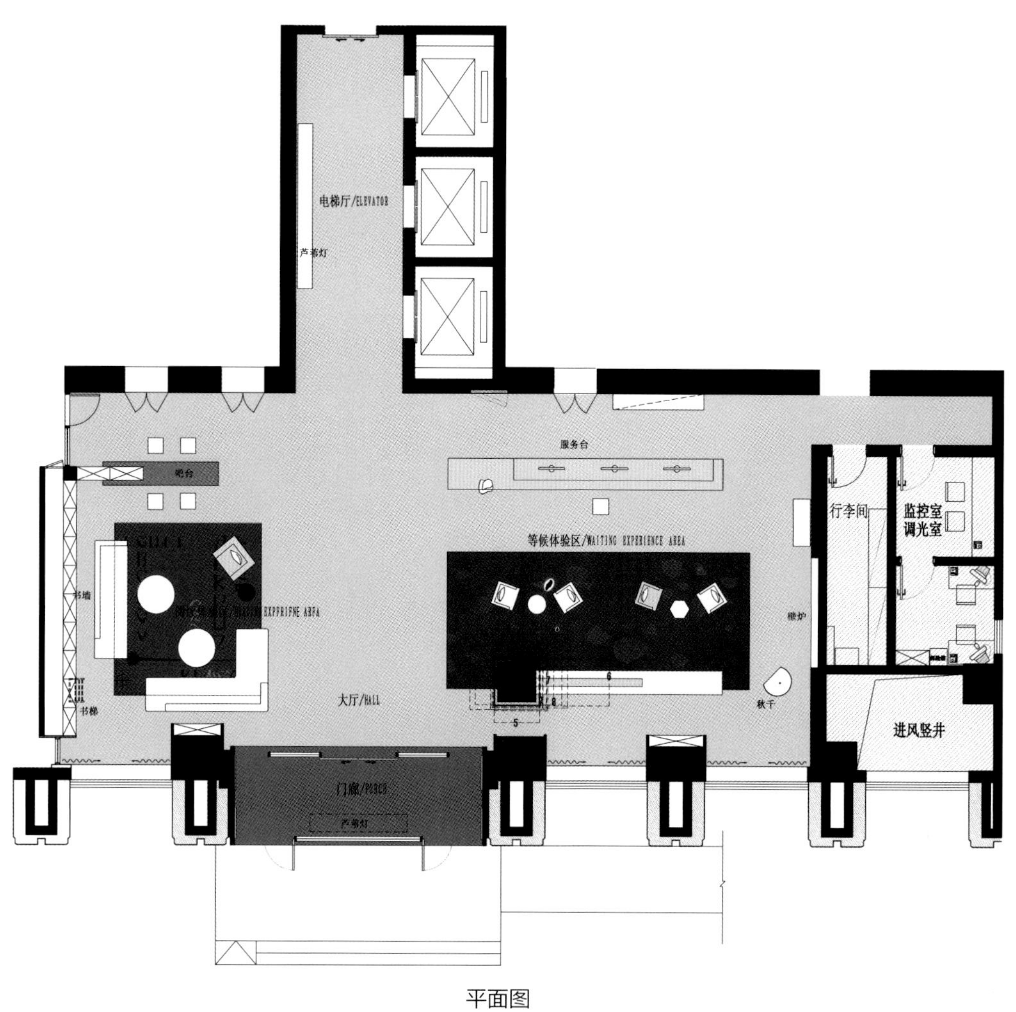

电梯厅/ELEVATOR
芦苇灯
服务台
吧台
行李间
监控室
调光室
等候体验区/WAITING EXPERIENCE AREA
书墙
壁炉
大厅/HALL
书梯
秋千
进风竖井
门廊/PORCH
芦苇灯

平面图

山西太原君豪铂尊酒店（精品店）

SHANXI SOVEREIGN BOZUN HOTEL

项目名称＿*山西太原君豪铂尊酒店（精品店）*／**主案设计**＿*吕军*／**参与设计**＿*杨凯、姜斌、魏文星、陈少漫、梁家宏、肖发明、黎东辉、蔡杰*／**项目地点**＿*山西省太原市*／**项目面积**＿*6000 平方米*／**投资金额**＿*1500 万元*

A 项目定位 Design Proposition

太原，九朝古都，一座龙城宝地，兵家必争之地，岁月重新雕琢的古老石窟，在各种美食与历史遗迹中领略这座历经文化沧桑的历史名城，通过对室内的设计与把控，淡然宁静，在这座历经文化沧桑的历史名城里，感受一种平和。

B 环境风格 Creativity & Aesthetics

提取传统文化中的水墨元素，结合时尚浪漫的欧洲文化，中与西，中国传统文化与欧洲文化的碰撞，通过水墨不同的表现引入不同的空间，加之与欧式元素的完美融合，展现中西文化和谐交融的艺术氛围，在把握功能中追求空间与意境，赋予酒店独特的文化内涵。

C 空间布局 Space Planning

进入酒店，大篇幅水墨漆画《富春山居图》映入眼帘，大堂雕塑采用简化及抽象化水鸟的造型来营造酒店休闲的氛围，雕塑结合水景给人以休闲的感觉，与后面的背景水墨漆画互为映衬。穿梭于酒店，客人将会看到各种墨香交织的时尚与传统结合的图案，例如特别定制的走道及客房地毯，床头背景画，厚实的实木书架，书吧背景墙的锦绣，给人以浓厚的书香文化气息，让这座兵家必争之地的古都在刚硬的外表下多了一份文人墨客的优雅。

D 设计选材 Materials & Cost Effectiveness

绿色环保、回归自然。

E 使用效果 Fidelity to Client

集住宿、餐饮、休闲、娱乐为一体的星级精品酒店，商务洽谈、旅游购物下榻的理想之地！

8332

郑州 JW 万豪酒店
JW MARRIOTT ZHENGZHOU

项目名称 _ 郑州 JW 万豪酒店 / **主案设计** _Eric D Ullmann / **参与设计** _Stephanie Clift、Martin Fan / **项目地点** _ 河南省郑州市 / **项目面积** _237600 平方米 / **投资金额** _150000 万元

A 项目定位 Design Proposition

郑州万豪酒店的室内设计在采用现代科技的同时，巧妙诠释当地文化历史底蕴， DMU 室内设计的灵感结合历史的发展轨迹——从早期丰富的金属色调，到青铜器时代的铜绿色，后至雕刻玉器的浅绿色及源于精美瓷器异域风情的孔雀蓝——这些元素都在这片区域得以充分展现。酒店建筑设计方 SOM 在建筑设计上也体现了当地的塔林设计元素。

B 环境风格 Creativity & Aesthetics

室内设计巧妙地融入了古都郑州作为中国文化发源地五千年来的悠远历史。大堂的石材地板图案再度延续塔林的建筑形态，青铜色金属饰面贯穿整个建筑，仿效东亚最为重要的古青铜时代风格。酒廊的装饰采用具有现代感的灯笼，并配以高雅的水晶材质灯罩，采用历史沉淀的色调来装饰室内陈设，贯穿接待区域和酒廊区域，使之熠熠生辉。

C 空间布局 Space Planning

以酒店中庭挑高塔式设计作为空间延伸起点。

D 设计选材 Materials & Cost Effectiveness

中国汉字起源于商朝（公元前 16-11 世纪）时期的河南省地带，开启了源远流长的书法艺术之旅，书法艺术效果呈现在客房和塔楼走廊区域的地毯图案和背景中，在图纸中通过线性元素来展现道路和花园墙壁。走廊的艺术品作为建筑细节，也来源于郑州及其周围区域，客房内的陈设装饰为现代风格，具有丰富层次感的材料，颜色为青铜色，书桌上面的艺术品为具有当代风格的古青铜器。

E 使用效果 Fidelity to Client

投入运营后得到管理方及业主方一致认同，目前为郑州入住率最高、最受欢迎的五星级商务酒店。

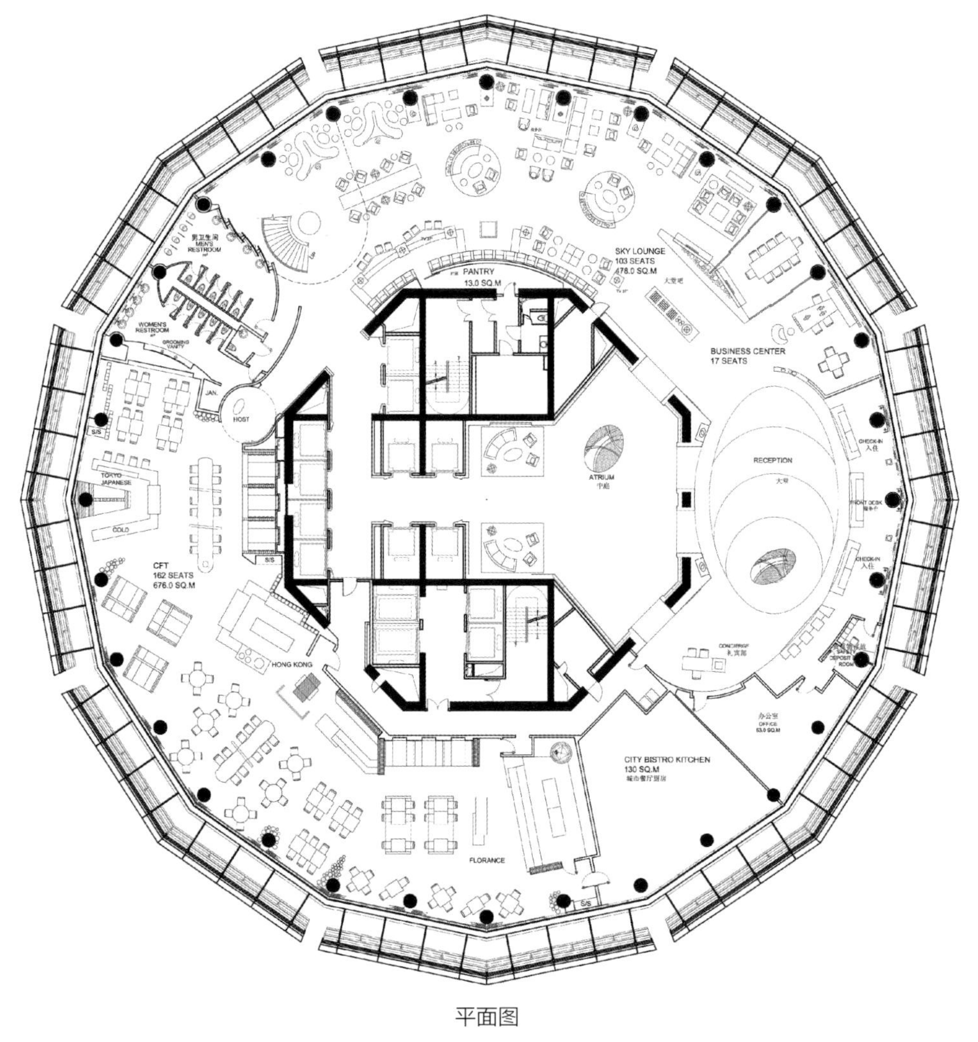

PANTRY
13.0 SQ.M
SKY LOUNGE
103 SEATS
478.0 SQ.M
BUSINESS CENTER
17 SEATS
RECEPTION
ATRIUM
CFT
162 SEATS
676.0 SQ.M
HONG KONG
CITY BISTRO KITCHEN
130 SQ.M
FLORANCE

平面图

4103

THE GRILL

HEALTH
CLUB

墅家墨娑

VILLAVIAAA MASVA

项目名称 _ *墅家墨娑* / **主案设计** _ *聂剑平* / **项目地点** _ *江西省上饶市* / **项目面积** _ *980 平方米* / **投资金额** _ *500 万元* / **主要材料** _ *石膏板、柞木等*

A 项目定位 Design Proposition

西冲村位于中国最美乡村婺源，相传为西施终老之所，是一处充满诗情画意的山水清幽之地。蜿蜒的山路穿过山谷与农田，路的尽头就是村口，苍翠的巨大古树在村头静静矗立，透过茂密的枝叶向村内望去，青山绿水粉墙黛瓦，无处不体现着徽州村落的秀美与静谧。然而由于交通不便，村内并无大的景点，加之年轻人多数外出务工的现状，西冲村并未像婺源其他村落一样受益于日渐火热的旅游业，村民收入水平低，村庄经济落后。"墅家 • 墨娑"自开业以来参观游览的人络绎不绝，整个村庄都随之火了起来。

B 环境风格 Creativity & Aesthetics

设计师通过实地考察在研究了建筑与环境的关系之后，试图通过设计达到以下几点目的：1）老宅修旧如旧，保留传统徽州民居的古典之美。2）用现代的设计手法满足现代人对居住生活的需求。3）通过对环境的局部改造，让建筑与自然的关系更加和谐，使之成为城里人与村民和谐相处的宜居之所，通过修建鱼塘、花园、菜园，为当地村民提供就业场所，从而实现美感与经济收益的双重价值。设计师希望通过上述手法在保留历史氛围的同时强调内外空间设计的聚合力，以保证设计的整体性。

C 空间布局 Space Planning

如何在恢复古建筑的同时有所创新以适应现代人的审美需求？设计师围绕这个问题做了大量的工作。传统徽州老宅最大的特点是有天井无院落，视觉感官比较阴暗难以久居，设计师利用家祠前的空地加建一栋由一层咖啡厅和二层水景房构成的两层小楼，家祠与小楼自然形成了一处有回廊的院落，使空间变的更有层次感。

D 设计选材 Materials & Cost Effectiveness

所有古建筑天井及公共部分完全按照老宅原样恢复如旧，而客房室内沿外墙一侧保留了原样，新隔墙均为白色石膏板面刷涂料，地板刻意挑选了带节疤柞木，原有木结构体均保持原样，自然而不露痕迹地将新与旧完美结合。

E 使用效果 Fidelity to Client

酒店开业后获得住客一致好评，称之为传统徽派古宅和高品质奢华酒店的完美结合，很多住客都表示会再次光临。

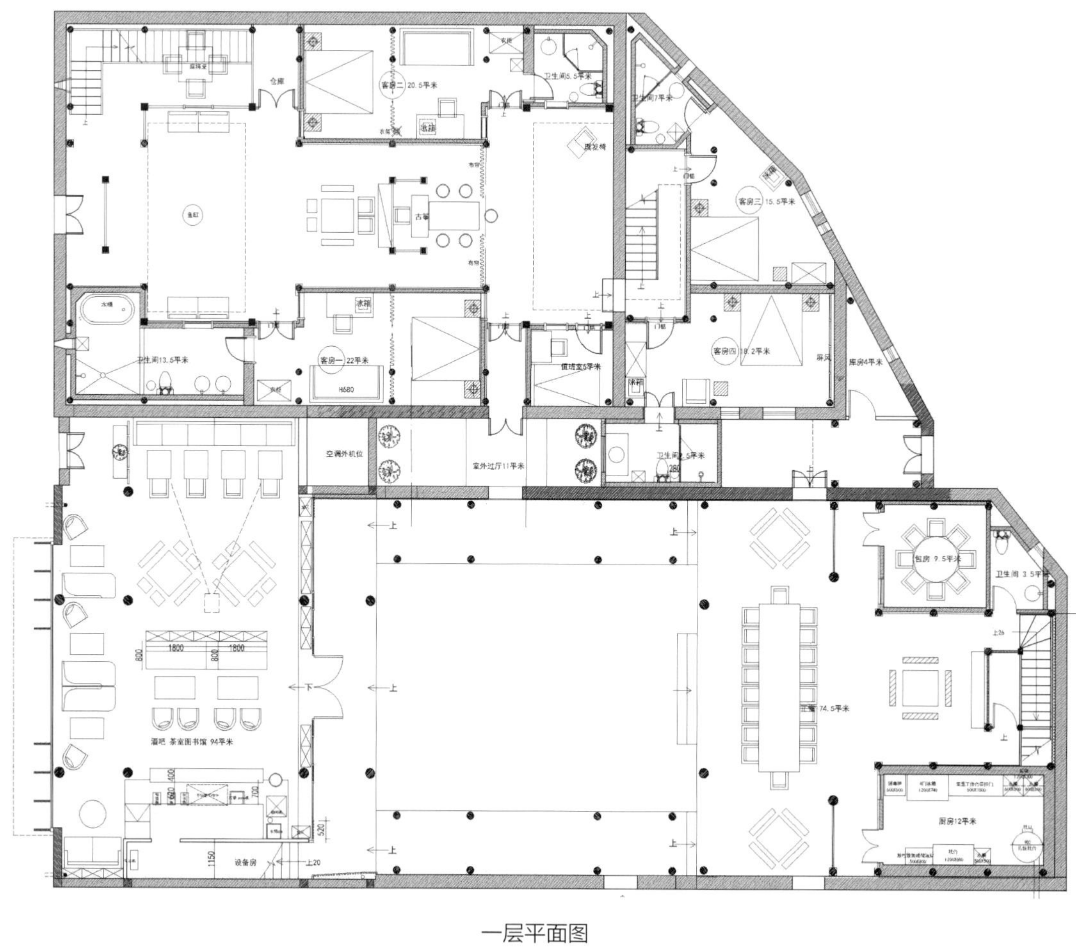

一层平面图

云南建水听紫云精品酒店

TINGZIYUN DELICATE HOTEL OF JIANSHUI IN YUNNAN PROVINCE

项目名称 _ *云南建水听紫云精品酒店* / **主案设计** _ *林迪* / **项目地点** _ *云南省红河哈尼族彝族自治州* / **项目面积** _*2000 平方米* / **投资金额** _*1600 万元* / **主要材料** _ *石材、砖、木等*

A 项目定位 Design Proposition

高品质文化体验酒店。

B 环境风格 Creativity & Aesthetics

老建筑改造，兼顾传统与现代生活方式的融合。

C 空间布局 Space Planning

巧妙地转换了使用功能，室内空间符合现代酒店的布局。

D 设计选材 Materials & Cost Effectiveness

运用本地石材、砖、木和当地传统营造工艺。

E 使用效果 Fidelity to Client

受到当地及住店客人的高度认可。

親愛鄰里

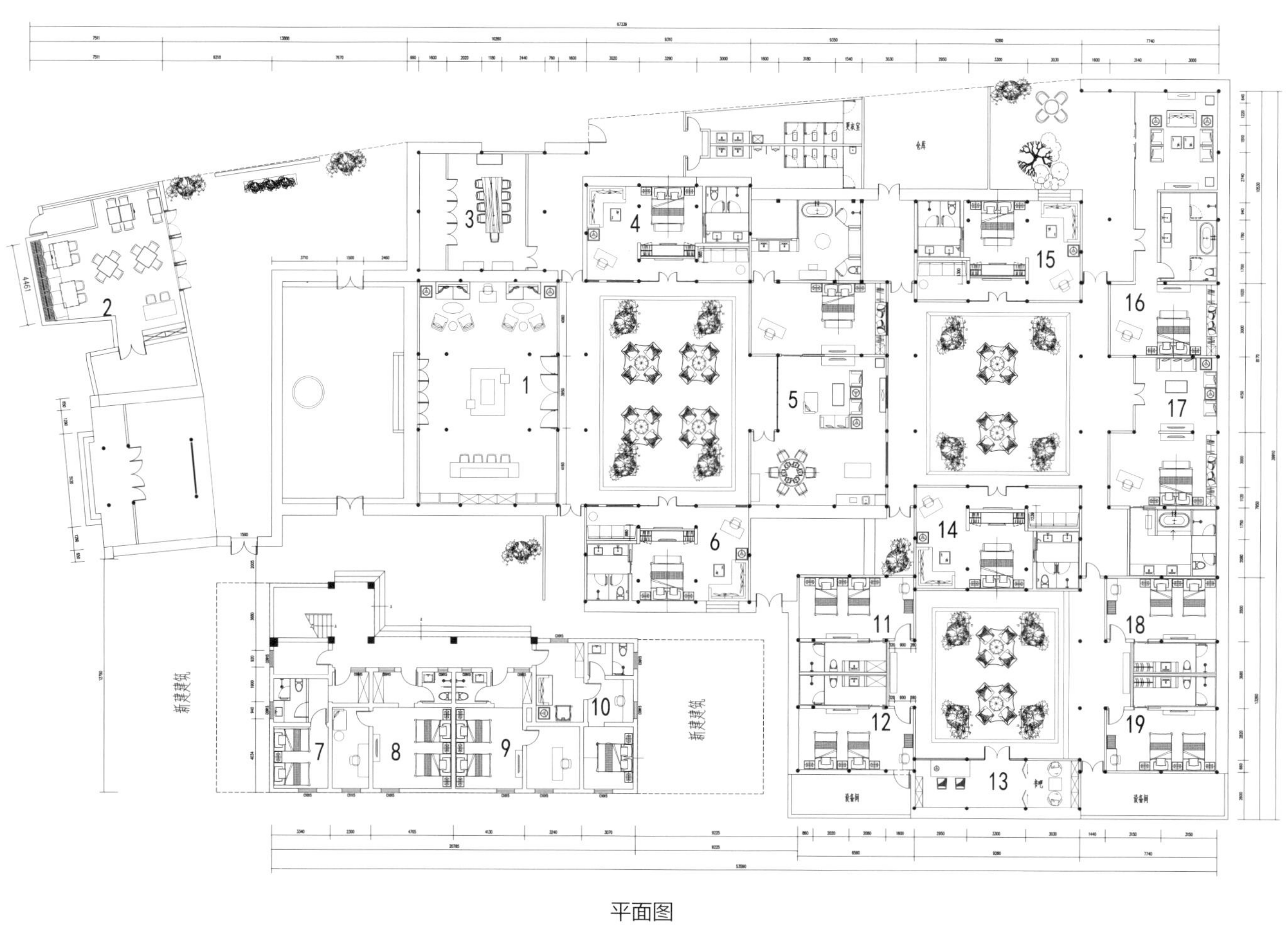

平面图

重庆锦悦恒美酒店
CHONGQING JASMINE INN HOTEL

项目名称 _重庆锦悦恒美酒店 / **主案设计** _郑宏飞 / **项目地点** _重庆市渝中区 / **项目面积** _2000 平方米 / **投资金额** _500 万元

A 项目定位 Design Proposition

这是一个有 38 个客房的精品酒店，位于重庆市渝中区大坪龙湖时代天街时代星空 2 号楼 15 楼。外观造型低调却不失个性，内部空间让人感觉宁静淡雅。设计师用现代化精神，创建一个永恒的艺术空间并吸引人们的目光，符合数字化时代客人们的身心需求。

B 环境风格 Creativity & Aesthetics

如果空间与造型被看作是建筑身份的形式再现，那么色调与光照就是建筑气息与精神的表达。郑宏飞通过不同木材的质感、颜色，光、影和建筑构件构成的通透空间，营造出 JASMINE INN 独有的低调奢华。整个酒店给人的第一感觉就是静，进入酒店的那一刻就让人摒弃了浮躁。简单的线条及色彩、灯光的组合搭配让人觉得简约而不简单。全实木的家具，又给人一种有种低调的奢华感。 酒店的设计灵感来源于重庆本土，山城的小巷、阁楼、防空洞等，装饰材料采用木质、石材、钢材等自然材料打造，多变的空间以及幽静雅致的色调都体现出都市气息与回归自然的完美融合。 整个空间散发着的淡淡茉莉芳香以及整个后现代简约时尚、工业复古的装饰风格，带给人们宁静的生活方式，裸心的生活态度……旅途也将因此而与一份温馨、一份感动不期而遇。

C 空间布局 Space Planning

由于层高达到了 5.8 米，设计师郑宏飞便将整个酒店挑高分割为两层，并且通过阁楼进入第 2 层，有点类似老上海那种旋转楼梯。整个酒店结构改动相当大，居家空间里的跃层，不同于一般的跃层，每个区域都是通过过道实现流通。 设计师共设计了 8 个楼梯，分别通向二楼的 19 个房间，原本整个空间规划的 22 个房间，挑高后应为 44 个房间。但设计师将更多的面积留给了公共区域，故最终呈现出 38 个房间的精品特色酒店。

D 设计选材 Materials & Cost Effectiveness

锦悦恒美 JASMINE INN 酒店定位一直是偏中年的商务人士，所以在整个酒店色彩氛围上，比较厚重，稳重成熟，让其整个体验过程较为平稳。

E 使用效果 Fidelity to Client

锦悦恒美 JASMINE INN 以宁静雅致的角度定义“舒适”的概念，受到当地人及住店客人的高度认可。

au
HOTEL ARCHITECTURE
SPA·DE
minimalism
OLD WORLD INTERIORS

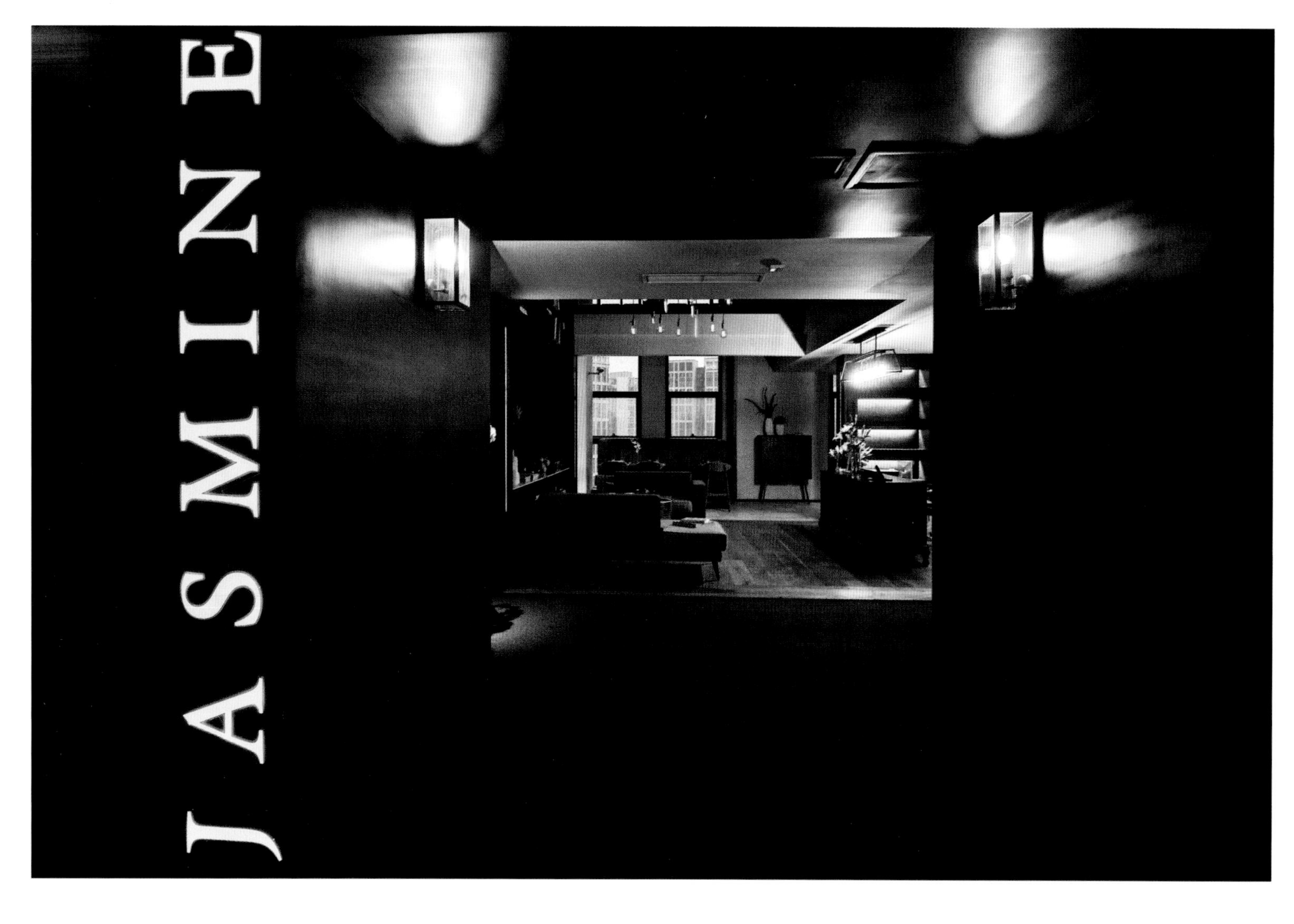

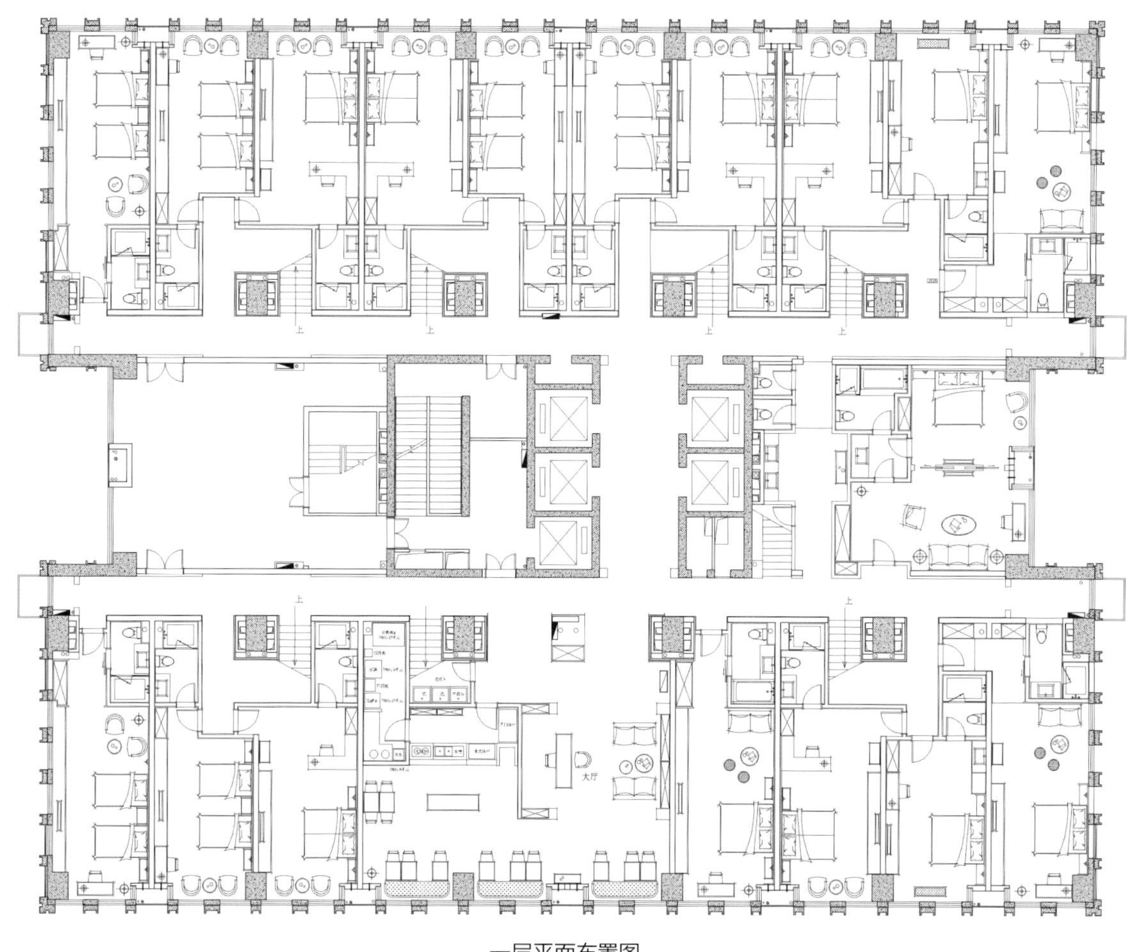

一层平面布置图

上 1533 — 1529
下 152A — 1528
1501 — 1503 下 150A — 1508
1518 — 1513 上 1512 — 1509

Office

办公空间

深圳易科国际办公室
EZPRO

J&A杰恩设计深圳总部办公
SHENZHEN HEAD OFFICE OF JIANG&ASSOCIATES DESIGN

中国农业银行深圳京基私人银行
AGRICULTURAL BANK OF CHINA SHENZHEN KINGKEY PRIVATE

星坊创新工场
XINGFANG INNOVATION FACTORY

胡须先生花店办公空间
MR.MOUSTACHE

成都白药厂改造
WHITE GUNPOWDER TRANSFORM

上海虹桥临空IBP商务区会展中心
HONGQIAO LINKONG IBP BUSINESS PARK MICE CENTER

PplusP Studio 2
PPLUSP STUDIO 2

承载梦想的工业叙事
AN INDUSTRIAL NARRATIVE THAT CARRIES DREAMS

杭州绿地中央广场智慧办公
HANGZHOU GREENLAND CENTRAL PLAZZA WISDOM OFFICE

三三建设匠人设计院
THIRTY-THREE CONSTRUCTION CRAFTSMAN INSTITUTE

36氪办公室
36 KRYPTON OFFICE

鸿星尔克营运中心
DECORATION OF ERKE OPERATION CENTER

云帆（BOX）DESIGN
YUNFAN (BOX) DESIGN

深圳易科国际办公室

EZPRO

项目名称_深圳易科国际办公室 / **主案设计**_刘红蕾 / **参与设计**_杨宇新、董崇乐 / **项目地点**_广东省深圳市 / **项目面积**_1800 平方米 / **投资金额**_20000 万元 / **主要材料**_阿姆斯壮金属天花吊顶、华枫木业、坦德斯方块地毯等

A 项目定位 Design Proposition

我们将客户产品关键词”声波、光影、传递”符号化，并转化为波状及像素化图形融入办公空间，以启发联想，最终通过设计的表达为客户创造一个呈现产品价值之上的体验场景。

B 环境风格 Creativity & Aesthetics

解决室内办公空间的平淡无味，通过将空间内部旅程与虚幻的品牌意识连接起来。设计主要通过圆弧状形体创造一个引导客户的流线型空间，用实体变化来呈现声音的节奏，灯光效果的聚散。强调了空间缓与急、张与弛的和谐流动，聚与散、疏与密的强弱变化，并将这些“流动”与“变化”组合成声音与光线的节奏，进而利用建筑空间形体的扩张与浓缩，运用独特设计语言和戏剧化场景构建的感官体验带给客户强烈的震撼。

C 空间布局 Space Planning

首层为接待前厅、会客室和行业属性独具的视听展示区（卡拉 OK、录音棚、影院），二层为普通办公区，三层为公司管理层办公区及销售区。三层以下的工作空间相对轻松愉悦，指导我们考虑浅色木和较跳跃的颜色作为空间性格的色彩表达，首选易科 ENPRO 的企业 LOGO 橙色；第三层更注重营造稳重的工作场所，尽可能延长客人的停留时间，创造容纳更多联想空间的兴趣点。首层与二层被有意识地按商务功能及人性化需求划分为大小不同的块状地带，均被动感曲线穿过、带动，带来整个工作空间的蜿蜒感，一改多数科技办公空间典型开放式的空间布局，令“办公”在缓缓流动中被设计成为一个可驻足可倾听可思考的内饰环境，为员工细心添加了温暖的归属感。

D 设计选材 Materials & Cost Effectiveness

选用阿姆斯壮金属天花吊顶，将天花以原创设计的图案进行冲孔组合在空间中形成独特的效果。在整体办公材料色彩的搭配上保持简洁、高效，在空间中不经意间跳跃着该企业的 LOGO 色。 为消隐客户产品科技因子中与生俱来的坚硬和冷漠，设计将整个空间以姿态万千的可塑曲线与以含蓄包容著称的木色系演绎。

E 使用效果 Fidelity to Client

作为音响、会议系统的办公室，我们在设计时充分考虑了各功能空间的音效，业主在投入使用后，公司的国内重要产品展示、发布会均在内部举行，并取得了非常好的成效。

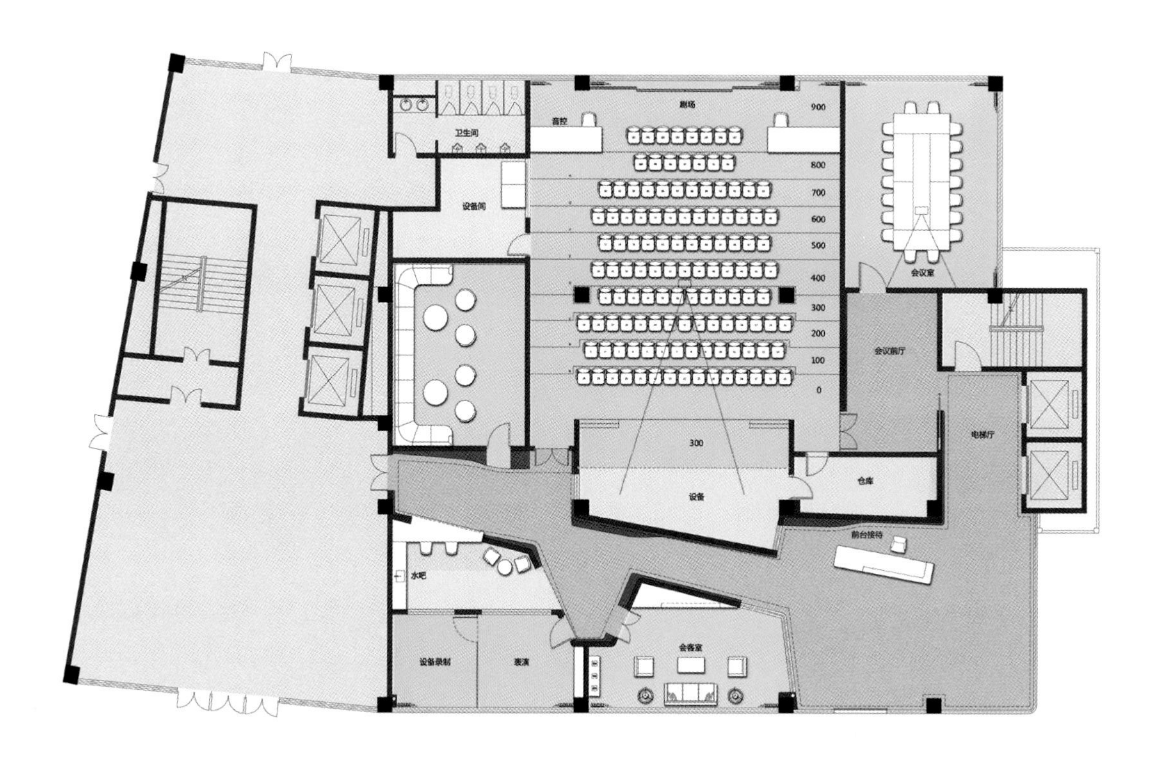

剧场
音控
卫生间
设备间
900
800
700
600
500
400
300
200
100
0
会议室
会议前厅
电梯厅
300
设备
仓库
前台接待
水吧
设备录制
表演
会客室

一层平面图

J&A 杰恩设计 深圳总部办公

SHENZHEN HEAD OFFICE OF JIANG&ASSOCIATES DESIGN

项目名称 _*J&A 杰恩设计深圳总部办公* / **主案设计** _*姜峰* / **项目地点** _*广东省深圳市* / **项目面积** _*4000 平方米* / **投资金额** _*3000 万元* / **主要材料** _*大理石、电光玻璃、方块毯、冲空铝板、拉丝不锈钢等*

A 项目定位 Design Proposition

自然为艺术提供丰富的创作灵感和生命力，艺术为科技提供想象和创造的空间，科技为艺术提供实现梦想的方法。J&A 深圳总部办公空间的总体设计中，结合独具特色的中国竹文化，以“竹”为设计元素，用时尚、简洁的手法将办公室塑造成为一个自然、科技和艺术巧妙融合的办公空间。

B 环境风格 Creativity & Aesthetics

前台区域由黑、白、灰、红组成浅色空间，这也是我们集团形象色的组成。正对着我们的是一个由无数个小 J&A 组成的大 J&A 雕塑。在前台的设计上我们打破常规，没有将其设置在正面，而是设置在了一侧，这样的规划使得我们最大程度上利用了自然光线。

C 空间布局 Space Planning

在前台背景墙的设计上我们运用了先进的投影技术，配合自然风光主题的画面，结合右边休息区墙上断面竹子造型的立体艺术品，将整个前台空间烘托得开敞明亮、舒适自然。会议室，全套智能系统及电光玻璃将会议中对光线、温度、演示以及隐私等各方面的需求进行了一体化控制，确保工作高效舒适地开展。 墙面、玻璃门、拉手上设计有各种形态的竹子。开放办公空间，与墙面艺术画相得益彰的是巧妙地天花设计，散落的竹叶造型灯提供了基础的照明。

D 设计选材 Materials & Cost Effectiveness

在 BPS 机电公司形象墙上我们可以看到 0 和 1 的影子，在地毯上我们可以看到抽象表达的管道系统，在天花上采取了裸露管道设计的方式，将管道系统清晰直白地呈现在我们面前。

E 使用效果 Fidelity to Client

董事长办公室的设计沿用了整体设计中“竹”这个元素，将中国传统文化精神内涵与现代风格巧妙地融合在一起，并通过现代的设计手法打造出一个简约时尚又具东方传统韵味的空间。 由公司 LOGO 和具有代表性项目名称组成的铁艺屏风窗户，在设计上是中国传统剪纸文化的现代表现。

CASA BATLLÓ
1904 - 1906

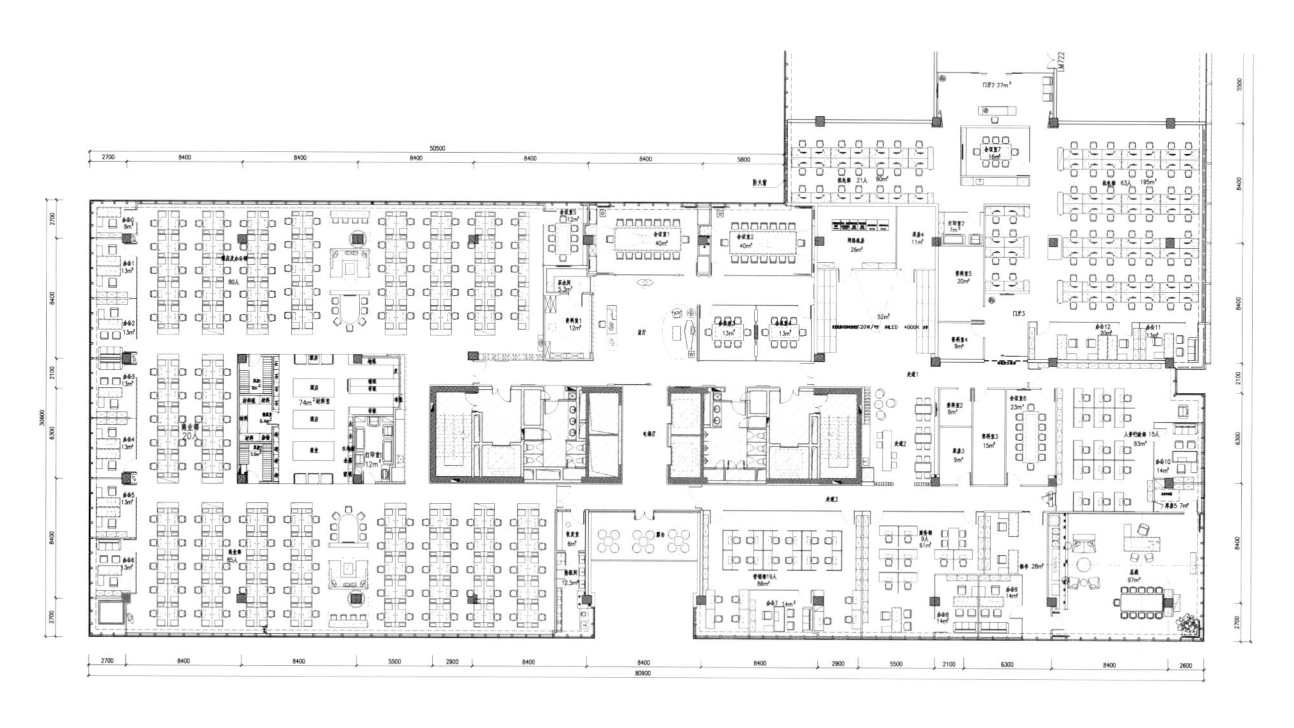

平面图

华润置地 • 西安万象城

INTERN-
ATIONAL
HEIGHT
CHINA
DEPTH

PINGAN SUPERTALL TOWER
YI TIAN HOLIDAY PLAZA SHENZHEN
J&A
DESIGN
RESOURCES LIVING MALL SHANGHAI
XIAN MIXC
ALLCITY
SHENZHEN
MANDARIN ORENTAL SHANGHAI
PULLMAN WEIF ANG WANDA
THE ST.REGIS
TIANJIN
COCOPARK SHENZHEN
SHENZHEN
FOUR SEASONS
SHENZHEN
WANDA
REALM JINING
BEIJING
SHENZHEN
KUNMING

中国农业银行深圳京基私人银行

AGRICULTURAL BANK OF CHINA SHENZHENKINGKEY PRIVATE

项目名称 _ *中国农业银行深圳京基私人银行* / **主案设计** _ *张智忠* / **参与设计** _ *练华文、苏华群、杨硕* / **项目地点** _ *广东省深圳市* / **项目面积** _*4000 平方米* / **投资金额** _*3000 万元* / **主要材料** _ *木饰面、玻璃等*

A 项目定位 Design Proposition

京基支行位于深圳市京基100大厦，位处深圳最高建筑之33层，总使用面积为4000m^2，为城市高端人群提供解决金融理财等方面问题的需求。

B 环境风格 Creativity & Aesthetics

作品于京基100大厦内部，充分考虑了与大厦本身的公共空间的整体协调性，对于空间的高层景观，有着较为深入的挖掘，并因地制宜，充分利用了景观资源。

C 空间布局 Space Planning

在空间布局上，分析出各个不同功能空间的内在关系，确定了合理的人流动线，以曲线为形态，串接了每个空间，“动”“静”相间，“曲”“直”呼应，极具空间塑性与张力，设计采用“行云”“流水”的禅意手法，刻画了中式传统的韵味。

D 设计选材 Materials & Cost Effectiveness

在设计选材上以灰色系材料为背景，选用镀铜不锈钢、透光云石相间并列，组合成空间的立面序列，墙面大面积采用烤漆灰影木，柔和极具现代感。

E 使用效果 Fidelity to Client

本项目运营后，成为中国农行系统高端经营区的标杆，并在全国范围内标准化推广。

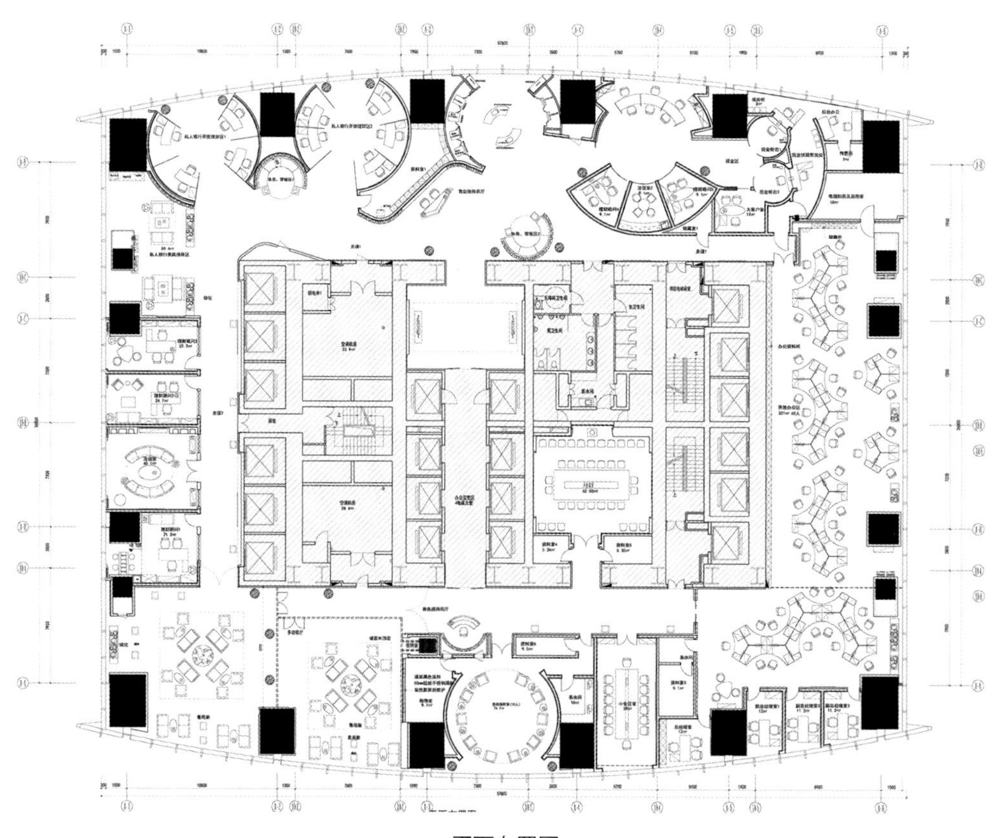

平面布置图

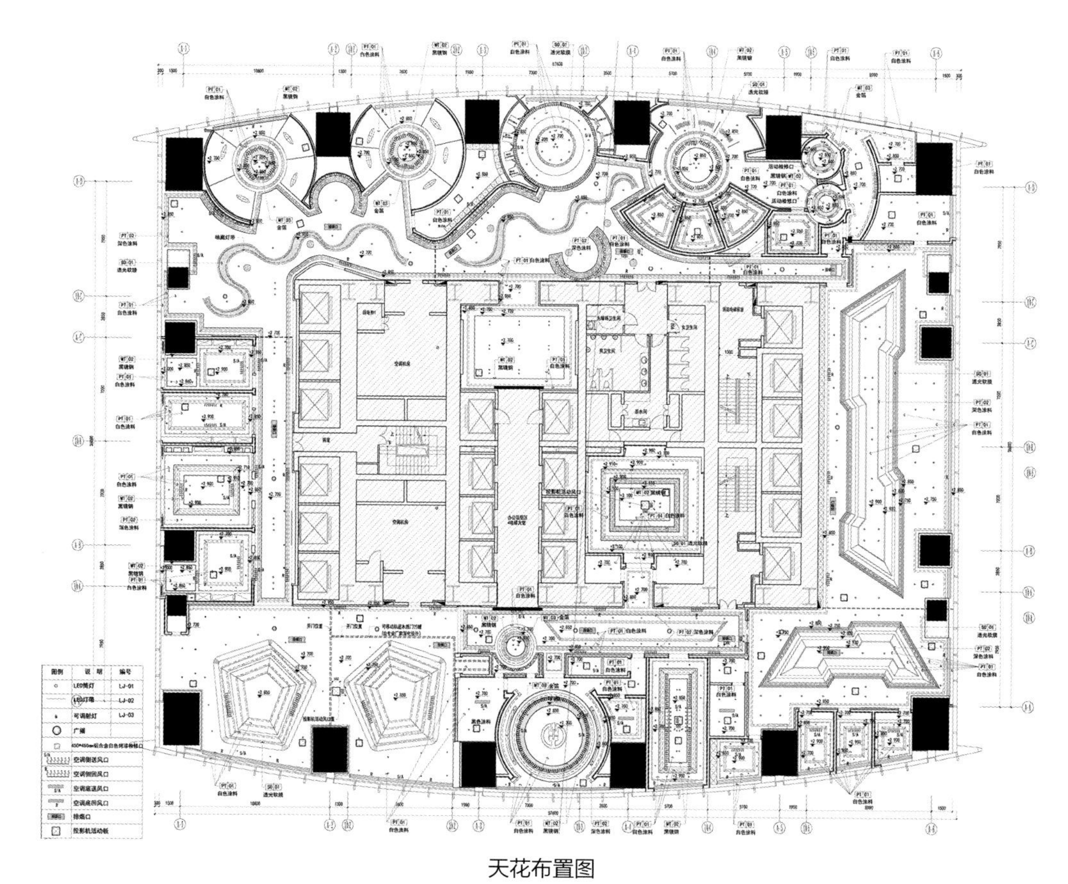

天花布置图

现金区1
现金区2
理财顾问6

星坊创新工场
XINGFANG INNOVATION FACTORY

项目名称 _星坊创新工场 / **主案设计** _李伟强 / **项目地点** _广东省广州市 / **项目面积** _800 平方米 / **投资金额** _150 万元 / **主要材料** _水泥、旧红砖、灰瓦等

A 项目定位 Design Proposition

本案是由星坊华侨仓里一间废旧仓库改造而成。与其他同类项目比较，具有改造自由度较大的特点。设计师把建筑，结构，室内以及灯光设计等方面按功能需求统一规划，既大大增强了空间的整体性，也减少了因改造不到位而重复施工所带来的浪费。项目定名为“创新工场”，是天诺集团为旗下年轻创业团队提供的个性化办公空间。阳光、绿色、自由成为此案的主旨。

B 环境风格 Creativity & Aesthetics

在设计主题上，以“修旧如旧”和“大胆创新”两大主线贯穿始终。这两个方面其实是既对立又统一的，两者可以结合起来。“修旧如旧”是指对旧建筑的尊重：譬如改造所用的材料都是原建筑的旧红砖、灰瓦和水泥等，改造后的建筑外观也保留了原来坡屋顶的形态。

C 空间布局 Space Planning

由于本案是从建筑到室内一体化设计完成，所以设计师在空间布局上具有很大的自由度。我可以选择最适合的方式合理地安排甲方的要求，并且可以使空间富于趣味和寓意。不但增加了夹层，还加建了屋顶观景平台，让员工在紧张的工作之余能饱览“无敌大江景”，从而大大提高了空间的实用性与可观性。此外，由于基地狭长，设计师在平面入口与中部设置两个透光中空，使空间具有了张弛起伏的节奏感。绿化中庭上方是加建的梯井，从它的顶部玻璃棚引入的光线使中庭生气盎然，真正实现室内外的无差别融合。

D 设计选材 Materials & Cost Effectiveness

水泥、旧红砖、灰瓦依然是建筑与室内的主材，由于加建而新增的参照蒙德里安几何绘画划分的彩色玻璃光棚，为厚重质朴的历史建筑注入了理性与活力。阳光透过红黄蓝等各色玻璃投射在室内，形成了一幅幅不断变幻的缤纷图画。

E 使用效果 Fidelity to Client

项目以极少的投资完成，实现了功能与形式的统一，避免了建筑室内重复装修的浪费，为使用者提供了一个具有创新精神的绿色办公空间。同时也为同类型的旧房改造探索提供了一定的经验与借鉴。

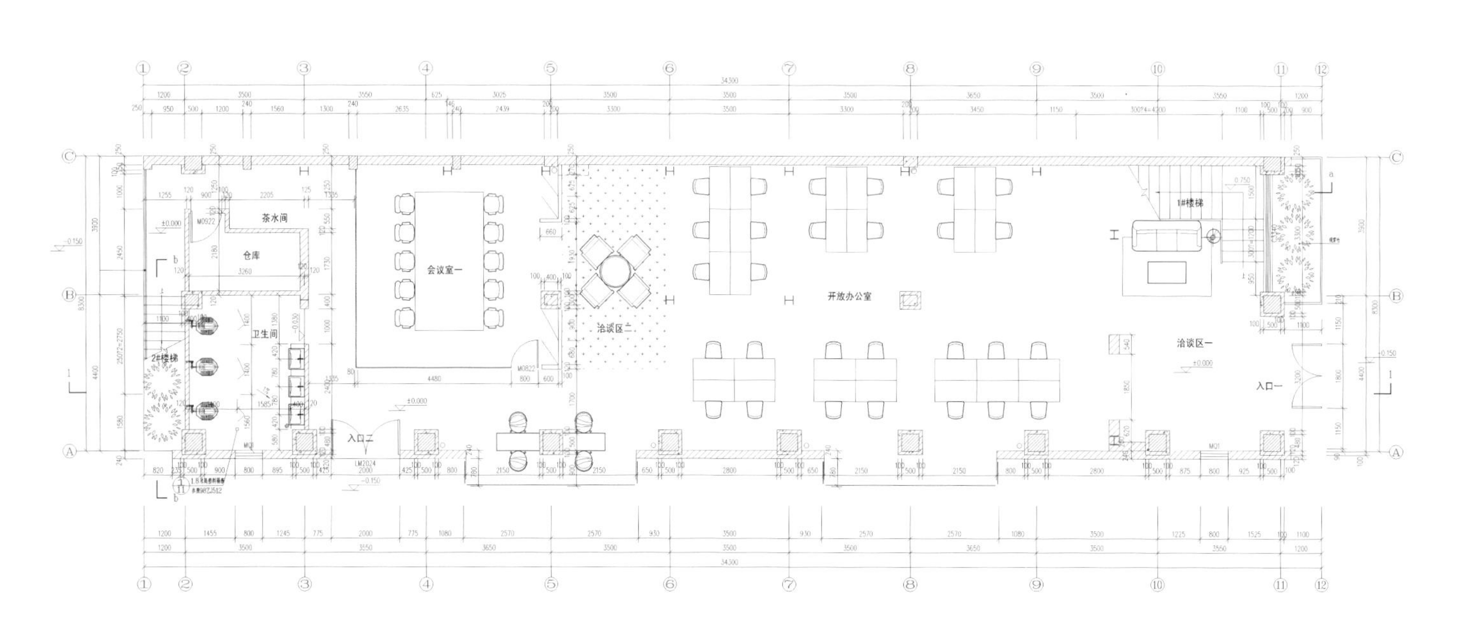

首层平面图

胡须先生花店办公空间

MR.MOUSTACHE

项目名称 _ *胡须先生花店办公空间* / **主案设计** _ *朱晓鸣* / **项目地点** _ *浙江省杭州市* / **项目面积** _ *640 平方米* / **投资金额** _ *140 万元* / **主要材料** _ *回购木板、素水泥（木模）、钢板、橡木实木等*

A 项目定位 Design Proposition

如今的社会，我们已经远离了这种虫鸣花香的怡境。一幢幢高耸矗立，用苍白的幕墙和冰冷的钢筋混凝土拼合起来的写字楼、商业楼，成为我们生活的场所。当失去了生活的灵魂，生存的意义则变得苍白。我们旨在创造一个生活的花园，使它成为一片戈壁中最灿烂的色彩。

B 环境风格 Creativity & Aesthetics

本案的“胡须先生”花店线下办公选址在运河西岸边公园的一座老厂房。当现代化电商办公空间与历史浓厚的老厂房相遇，新与旧的碰撞，是用绝对的“新奇”来替换，还是用 loft 的惯有手法将“陈旧”进行到底？作为现代化的办公空间，更应该是时尚又不失情趣的场所，该用怎样的设计改造方式才能在满足现代化办公需求的同时，让建筑既能拥有自己的语言，又能与周围的自然环境共生？

C 空间布局 Space Planning

在空间的功能划分中，我们利用老厂房的层高优势，将一楼划分为“胡须先生”的办公区，二楼为花房和展厅。曲径通幽，为了营造一个安静的工作环境，我们采用镂有公司 logo 的铁板隔断将办公区与前台、公共功能休闲区划分开来，保证员工在工作时间能够不被打扰的同时，又通过门禁很好地管理了外来人员的来访。根据公司部门属性，将办公区域划分为三个区，更好地满足上下级的对接以及部门内部的及时沟通。

D 设计选材 Materials & Cost Effectiveness

我们采用镂有公司 logo 的铁板隔断将办公区与前台、公共功能休闲区划分开来，设计借以自然而纯朴的材料与原来的老建筑融合，通过现代化的工艺让空间拥有新的语言。我们让老木板的自然纹路赋予了水泥新的生命，而老木板的再利用为空间增添了温暖的色彩。

E 使用效果 Fidelity to Client

在隔而不断的空间里，光影交织，刻画出一个干净素朴、本然有序的办公空间。踱步在此，视线透过光影，穿过窗户落在嫩绿的枝桠，自然、人、建筑、室内在此得以融合共生。

MR.MO USTA
MR.M USTAC
STACHMR. OU
MR.MOUSTA
USTA R.MOUS
MO STACHE
MR.OUSTAC
USTA HE MR.
STAC HMR.M
MR.MOUSTAC
USTACRHE MR
MR.M USTAC
TAC EMR STAC
STACHMR. OU
MR.MOUSTA
USTA R.MOUS
MO STACHE M

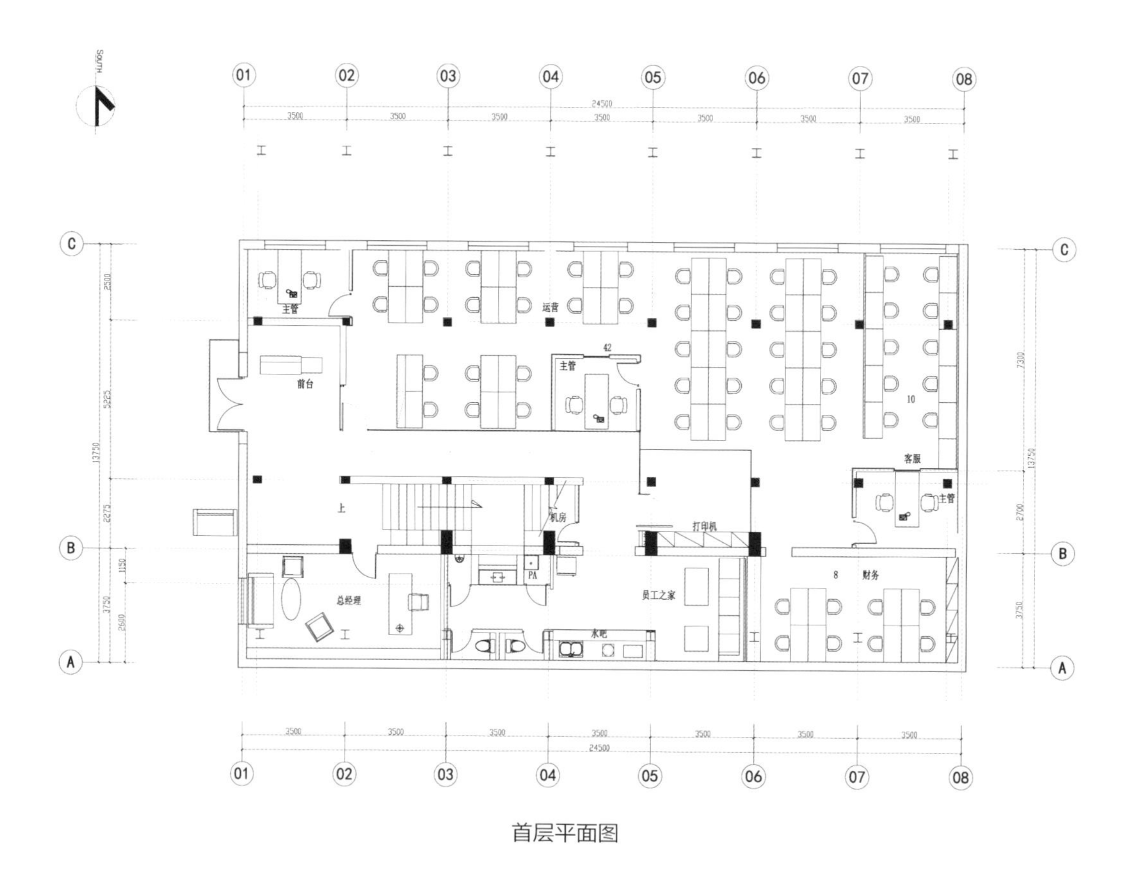

首层平面图

MR MOUSTACHE

MR.MOUSTACHE

成都白药厂改造
WHITE GUNPOWDER TRANSFORM

项目名称 _ 成都白药厂改造 / **主案设计** _ 张灿 / **参与设计** _ 李文婷 / **项目地点** _ 四川省成都市 / **项目面积** _500 平方米 / **投资金额** _100 万元 / **主要材料** _ 钢结构等

A 项目定位 Design Proposition

白药厂是成都最早制造火药的工厂，当时是专门为四川机械局提供火药而建的，为了保密，取名白药场，这些建筑由德国人设计，1902 年建成，它融合了中西方建筑元素。我们的设计是在白药场废弃仓库的基础上设计改建成为办公空间。

B 环境风格 Creativity & Aesthetics

我们的设计是以保留和植入及亲密融合的设计原则进行的，对建筑空间的保留和实际使用功能的结合，对原有厂房原有精神的保留，设计上材料运用的控制和精简，要看到现代设计的体现，却又能会到原来工业的印记和精神。

C 空间布局 Space Planning

作为一家设计公司办公室，我们期望能为员工提供一个更加舒适有创意和更加能开放讨论的工作氛围，所以我们设计时并没有采用通常的设计手法去界定每个空间的界限，这种模糊空间的概念让员工之间的关系更加紧密亲切。

D 设计选材 Materials & Cost Effectiveness

我们选择了最简单的材料，钢板、青砖、玻璃、木质材料（原有废弃老木头和木地板），还有乳胶漆。室内空间的老墙面保留了原厂房墙面不太平整的肌理感，而大部分办公区木地板我们做了翻修和清理，保存了原有厂房的老地板，希望通过这些简单又贴近原建筑风貌的材料，亲密融合在这个老建筑里，不要突兀地抢去了建筑本身的时代感和韵味。

E 使用效果 Fidelity to Client

老厂房的历史意义有了新的存在及定位，我们不希望老旧就是时代流逝让其消失的最终理由，而是让我们去反思和了解过去存在的一种精神媒介，这也是设计存在的魅力和意义。除了员工的舒适、开放空间之外，这里也经常作为设计师活动的场所，很有意义。

CSD

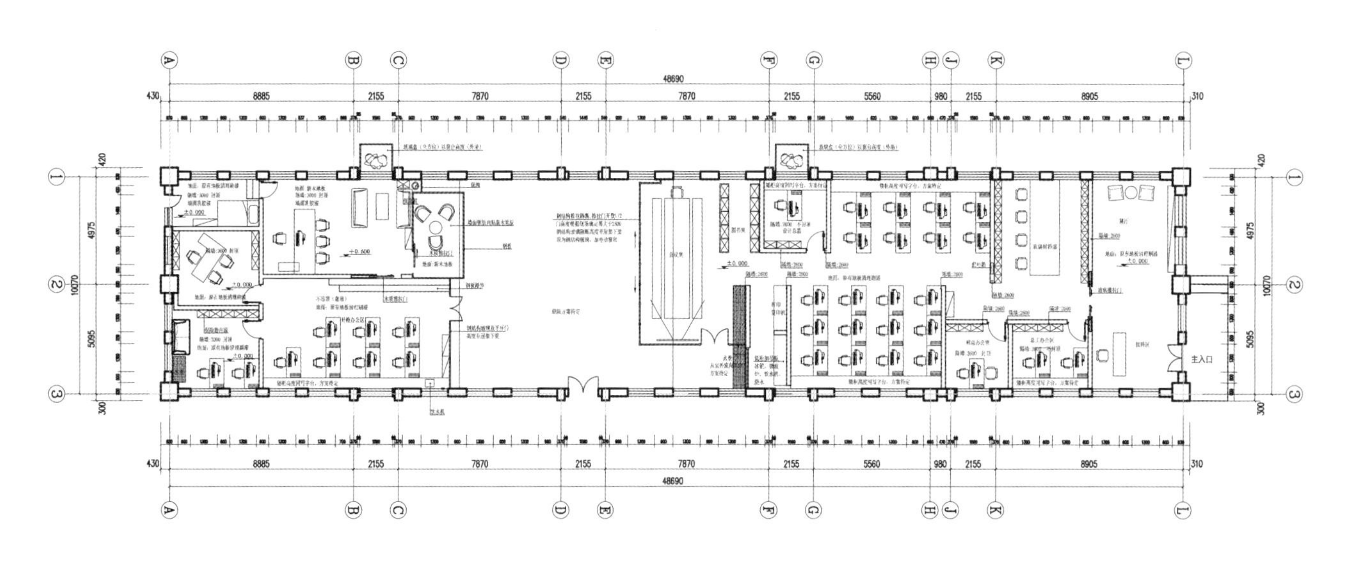
48690
430
8885
2155
7870
2155
7870
2155
5560
980
2155
8905
310
A
B
C
D
E
F
G
H
J
K
L
1
2
3
420
4975
5095
10070
300
主入口

一层平面图

上海虹桥临空 IBP 商务区会展中心

HONGQIAO LINKONG IBP BUSINESS PARK MICE CENTER

项目名称 _上海虹桥临空 IBP 商务区会展中心 / **主案设计** _庄磊 / **参与设计** _文勇、刘旭、李辉、郭晓春 / **项目地点** _上海市长宁区 / **项目面积** _12000 平方米 / **投资金额** _4000 万元 / **主要材料** _复合铝板、灰木纹大理石、染色防火木皮、冠军瓷砖、科勒洁具等

A 项目定位 Design Proposition

临空花园商务会议中心，地处上海长宁区临空商务中心 10-3 地块，坐落于北福泉路南侧与通斜路北侧，占地 27391.3 平方米。凭借特有的虹桥涉外商务区的区位优势及世界最大的虹桥综合交通枢纽的交通优势，使之成为园林式、高科技的现代商务园区精华。

B 环境风格 Creativity & Aesthetics

运用旋转和切割立方体的手法呈现出不同的角度将大厅和走廊连接为一个整体。用层层叠叠的手法和不规则形态构建出新建筑的语汇和结构。

C 空间布局 Space Planning

2# 楼是一个为整个商务中心提供全面会议设施的 4000 平方米的会议中心，里面包含一个 400 平方米的多功能厅，一个 150 平方米的阶梯会议室，以及多个不同大小的会议室，和一个接待中心。建筑的设计语言延续了室内的概念，赋予空间新的功能与理念。

D 设计选材 Materials & Cost Effectiveness

由于吸音的要求，部分墙壁上的铝板做成了冲孔处理，开孔的图案借用了竹叶造型的设计，让光线和阴影变得更为有趣。在这样的一个空间里，人们感受着自然与空间的交融，并且拥有了一个与众不同的艺术氛围的体验。

E 使用效果 Fidelity to Client

整体的设计语汇，简单而纯粹。会议中心因此而成为全商务园区的一个地标性建筑。让创意汇集是整个园区企业的目标，也增强了公司在此的归属感。

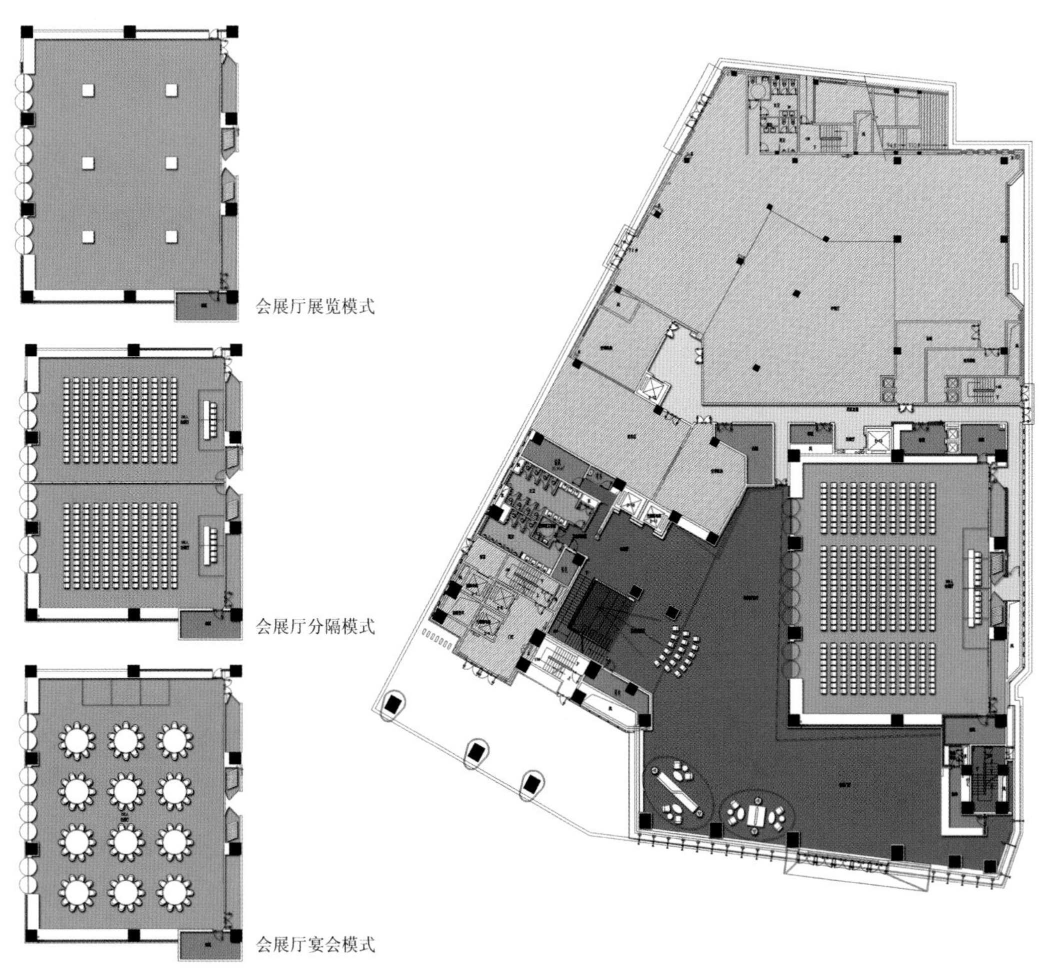

一层平面图

EXIT

PplusP Studio 2
PPLUSP STUDIO 2

项目名称 _PplusP Studio 2 / **主案设计** _廖奕权 / **参与设计** _Wesley Liu / **项目地点** _香港观塘区 / **项目面积** _163 平方米 / **投资金额** _100 万元

A 项目定位 Design Proposition
设计师深信一个有创意的工作环境能帮助启发思维和鼓励创新，所以，工作室舍弃了传统的呆板办公室设计，没有四四方方像城墙般的间隔，没有以白色灯光作为主调，取而代之的就是以家居的感觉和带点英伦玩味去设计的工作室。

B 环境风格 Creativity & Aesthetics
毗邻工作区的会客室，是个融入了各式现代元素的和室，设计师用以作为跟客人谈设计的地方，有现代化的拉趟式屏风，有升高了的榻榻米高台，而入室门前更以厚木块铺出外廊，台下定制梳通木趟门收纳鞋子，正式的门扉裱上幻彩墙纸作记认，其他一律以四格式屏风作屏障，然后保留上下两格镶清玻璃，中间两格则特别镶着传统不透视雕花玻璃，以阻隔外来的视线，适度地给会议室保留私隐。

C 空间布局 Space Planning
由入门处即打造迂回曲折走廊，以至邀请客人进入接待区，过程绝不平凡。 工作区明亮开阔，更见晴空下一片利落的城市天际线，这片都市剪影的灵感，来自设计师的盘算。在无意敲凿墙面时，发现何不将白墙变作画布，藉穿凿天际线勾勒城市面貌作壁画主题，设计师亲自动手 DIY，以中银大厦的地标建筑为基础，描绘大家熟识的城市面貌，不过其他大厦的轮廓则全属设计师的创作，包括建筑物轮廓、每幢大厦的装饰图案及着色等，有斑驳色块、有立体穿凿痕迹，统统构成了这和谐又别树一帜的 city skyline 主题壁。最后更为开放了的天花髹上天蓝色，且在接壤边界作不规则的渐变色效，让员工们仿如置身城市中，于非一般公式化的工作室从事创意设计。

D 设计选材 Materials & Cost Effectiveness
大窗户放置在工作区尽头让自然日光进入，这有助于白天避免不必要的照明。 通过小小的走廊到洗手间，会发现伦敦的火车铁路牌子钉在红砖墙上，配衬着设计师亲手扫上油漆并以花瓶改成的洗手盘，还有小小的座地射灯和周边亮着光的圆镜子互相配合，树藤缠着另一块金属大镜子像置身花园当中，为空间加添了生命力和艺术感，让设计师在工作室有限的空间下享受最自由舒适的创作环境。

E 使用效果 Fidelity to Client
使用效果非常好。

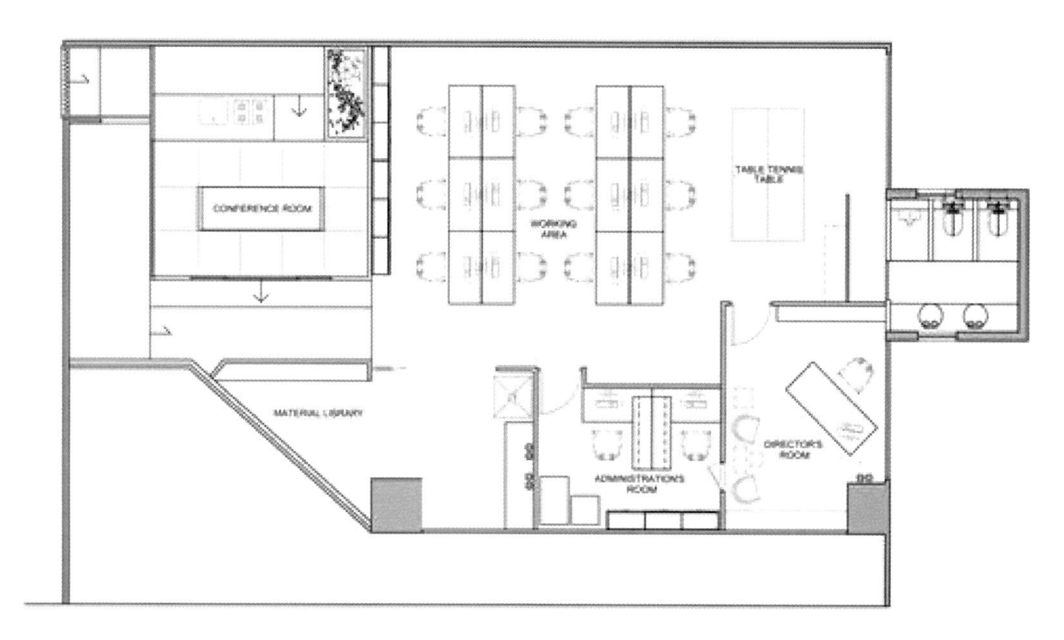
CONFERENCE ROOM
WORKING AREA
TABLE TENNIS TABLE
MATERIAL LIBRARY
ADMINISTRATION'S ROOM
DIRECTOR'S ROOM

平面图

12 Blles
2011
LES FORTS
LA FLEUR
PEYRABON
12 Blles

TOILET
FISH

White

承载梦想的工业叙事
INDUSTRIAL NARRATIVE THAT CARRIES DREAMS

项目名称_*承载梦想的工业叙事* / **主案设计**_*林宇崴* / **参与设计**_*白金里居设计团队* / **项目地点**_*台湾台北市* / **项目面积**_*99平方米* / **投资金额**_*70万元* / **主要材料**_*PVC、波龙地毯等*

A 项目定位 Design Proposition

一个室内设计师，在设计业闯荡多年，当再次有了新的办公室，会是怎样的开场？没有客户的要求、没有风格限制、不为允诺别人的梦想，而是承载更多梦想的重量，经历了一段独白、一段面对找寻自我本质的历程，犹如聚光灯打在舞台、布幕未拉起时的屏息聚焦。

B 环境风格 Creativity & Aesthetics

无数次地在空间里感受，环境的气息、落地窗外的绿荫，像是和空间的对话，眼神的交流，拉开序幕。一开始，脑海中只有一道砖红色的文化石墙，延伸工业风的不羁与大胆用色，和落地窗外的绿荫毫无违和。

C 空间布局 Space Planning

打破狭长的空间藩篱，将会议桌、接待桌、自行设计的Y字型工作桌等大型量体以45度斜向设计，不但有了广阔的行走空间，更把窗外最美的景色以135度视角全部纳入眼帘，而窗外的阳光、行道树、雨丝的线条，甚至是来来往往的行人，成了永不退流行的装饰品。

D 设计选材 Materials & Cost Effectiveness

打破材质的界线，将PVC地材上了墙面，变成壁材，在仿铁锈的PVC墙上，以手工贴上3500颗铆钉，打造出工业风的框架。

E 使用效果 Fidelity to Client

框景中的垂直、水平线条互见，以细腻的思维和粗旷的表现手法，创造视觉冲击、重组，最终达成和谐，1楼挑高水平的钢板遇见垂直柔美的窗帘线条；2楼里光线与垂直的旋转隔屏随着时序移动，与水平的百叶窗帘相映成趣，为工业风的空间叙事，写下了精致的批注。

NEW SMALL Apartmen
Asian LIVING
AMBIANCES D'Asie

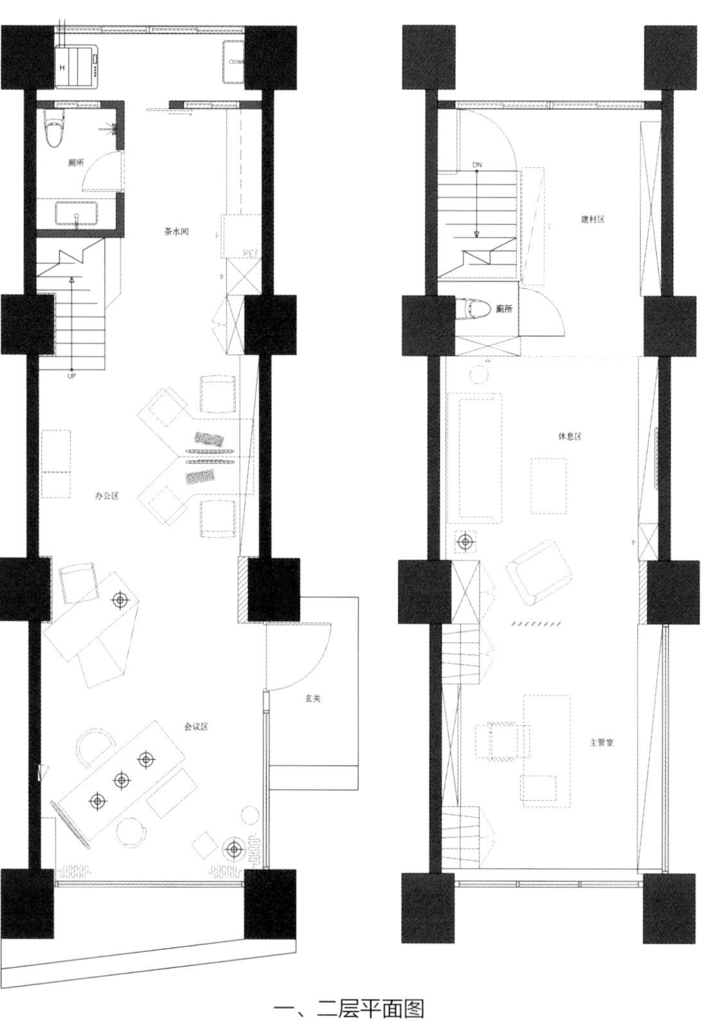

一、二层平面图

150 Best House Ideas

BPT 556
66

LIVING
MILAN
CINDERELLA
Arsenal
DECOR

杭州绿地中央广场智慧办公

HANGZHOU GREENLAND CENTRAL PLAZA WISDOM OFFICE

项目名称 _ *杭州绿地中央广场智慧办公* / **主案设计** _ *张力* / **参与设计** _ *吴紫燕* / **项目地点** _ *浙江省杭州市* / **项目面积** _ *1190 平方米* / **投资金额** _ *880 万元* / **主要材料** _ *铝板、玻璃、墙纸、烤漆板、不锈钢等*

A 项目定位 Design Proposition

这是一处位于办公大楼中带有服务、租赁性质的办公空间，拥有 1190m^2 的室内面积。设计任务是建造一个涵盖多功能、多空间，低调奢华而又不失现代时尚感的办公环境。

B 环境风格 Creativity & Aesthetics

踏入接待区，映入眼帘的就是呈飘带状的冲孔铝板，融合着 LED 灯光，给人一种时光的穿梭感。穿过接待区，天花、墙面、地面形成多条弧线纷纷引导着空间的动线，这些弧线让本来中规中矩的空间也赋有了些许灵动。

C 空间布局 Space Planning

源于建筑的特有性，平面布局上我们以电梯厅为中心，设置了游走全空间的回型通道，简单的动线使空间利用率得到最大化。

D 设计选材 Materials & Cost Effectiveness

空间以白色、灰色为基调，同时呈现铝板、玻璃、墙纸三种不同的质感，丰富了空间的层次感。书吧区域那一抹绿色增加了空间的生机和活力，营造了一个愉悦的工作环境。

E 使用效果 Fidelity to Client

该项目最吸引人的地方就在于可以向周围的办公人士提供不同的办公需求。在这里，你可以租赁单人办公区、私人办公室、多人办公室、会议室、企业展示区和企业服务窗口。除了租赁的空间，这里还向办公人士提供了书吧、咖啡吧、健康小屋，让人在办公休闲时间可以好好的放松心灵。

绿地集团
世界500强企业
智慧绿地
科技助力客户成长
绿地企业服务平台|杭州

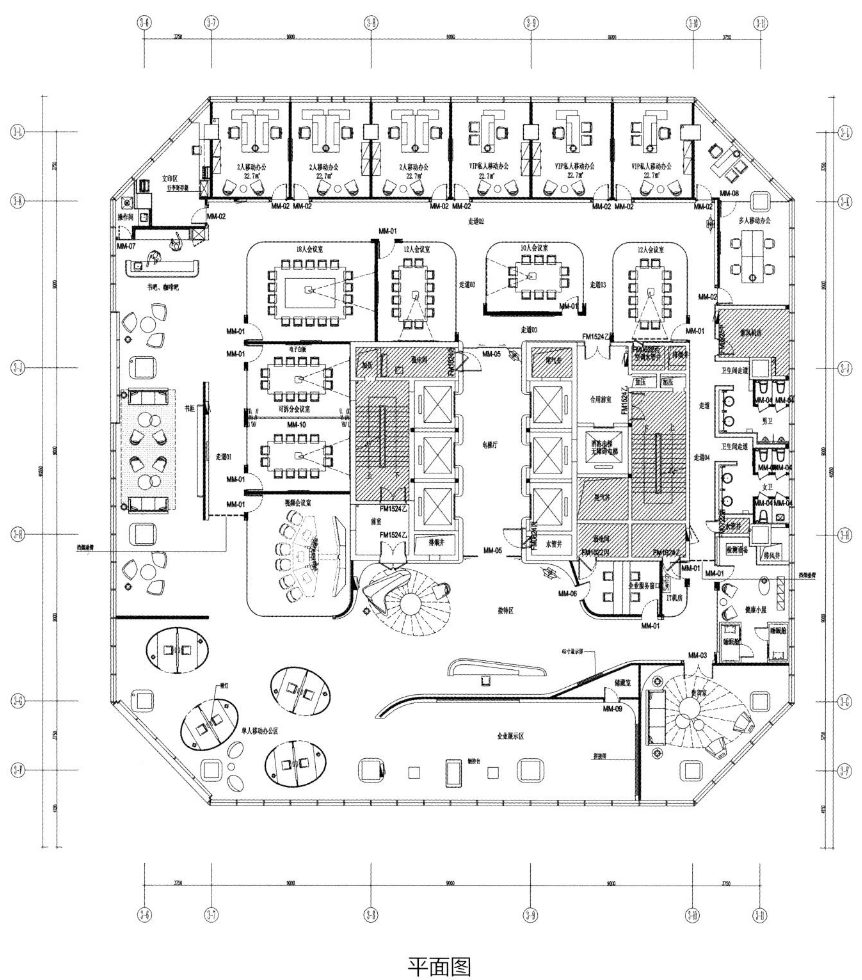

平面图

杭州绿地中央广场 (left)

三三建设匠人设计院

THIRTY-THREE CONSTRUCTION CRAFTSMAN INSTITUTE

项目名称 _ 三三建设匠人设计院 / **主案设计** _ 许建国 / **参与设计** _ 陈涛、刘丹 / **项目地点** _ 安徽省合肥市 / **项目面积** _1700 平方米 / **投资金额** _260 万元 / **主要材料** _ 砖、石、木、水泥、钢板等

A 项目定位 Design Proposition

办公设计的多元化和趣味性，通过空间布局，光的设计达到既满足功能性又满足人的情感需求。

B 环境风格 Creativity & Aesthetics

设计风格上崇尚自然，回归。避免繁复的装饰，把旧物融入设计中赋予新的生命力表达出时间与工作、工作与生活的意义。

C 空间布局 Space Planning

空间上采取穿空引像的设计手法，并且在整个平面布局上合理的安排各个空间，满足了设计院不同的办公需求与交流。空间的安排上既有一定的领域感和私密性，又与大空间有沟通。在各个办公区域之间采用玻璃隔断，便于工作的交流，打印室采用艺术造型的木质玻璃隔断，对于空间的安排也体现其独特性以东方归本主义为主脉思想从而达到自然性、生长性。

D 设计选材 Materials & Cost Effectiveness

设计师运用砖、石、木营造自然氛围，这些材料的选择源于设计师对材料的尊重，自然材料的天然性、独特性使空间具有独特的艺术美感。材料本身的触感和色彩比人造材料更能唤起人的亲切感，达到空间与人的情感交流产生共鸣。

E 使用效果 Fidelity to Client

得到设计院同仁的认可，舒适简洁，又具东方气息。

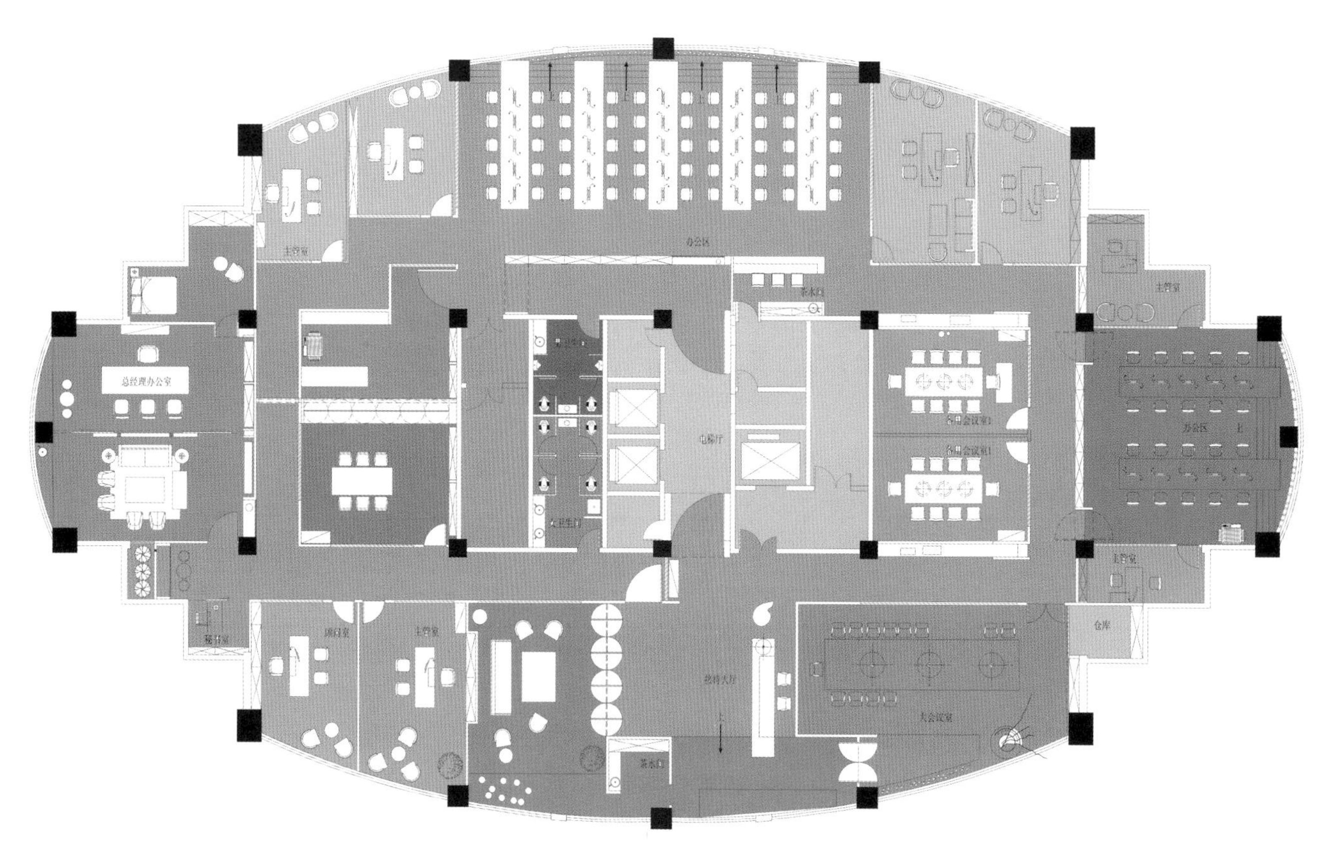

主管室
办公区
茶水间
总经理办公室
女卫生间
电梯厅
主管室
办公区
主管室
秘书室
顾问室
主管室
接待大厅
大会议室
仓库
茶水间

平面图

GUD
匠人设计

36 氪办公室

36 KRYPTON OFFICE

项目名称 _36 氪办公室 / **主案设计** _ 罗劲 / **参与设计** _ 杨振洲、程芳平 / **项目地点** _ 北京市海淀区 / **项目面积** _3000 平方米 / **投资金额** _360 万元 / **主要材料** _ 地胶、定制地毯、金属防火板等

A 项目定位 Design Proposition

该项目为互联网中国领先的互联网创业公司服务提供商。为了高质量完成这自建项目，36 氪首先委托艾迪尔团队为其进行全阶段的前期设计服务，在完成设计文件并经过细致周密的施工招标比选后，36 氪最终确定艾迪尔为其进行设计施工一体化的完整营建服务。

B 环境风格 Creativity & Aesthetics

36 氪的名字源于元素周期表的第 36 号元素“氪”，化学符号为 Kr，这是一个稳定、独立，不易与其他物质发生化学作用的元素，传说中的氪星是超人的故乡。

C 空间布局 Space Planning

室内以独有的“氪星”文化作为空间和环境的主题，采用开放式手法，强调空间的共享性。流线形的前台及背景墙体从前区一直延伸到本层里侧，将各功能区分割开来，同时又使各空间能够穿插、共享，给人以丰富的空间体验。

D 设计选材 Materials & Cost Effectiveness

色调以浅白色为主，局部配以星空地毯及主题墙面，传达出神秘、迷离的外星域氛围。此外，室内还配备了休闲区、瑜伽健身和胶囊公寓等功能区，为办公者使用者考虑的周全、细致。开放、轻松的办公环境氛围，最大化的激发了使用者的创造性思维。

E 使用效果 Fidelity to Client

用理性的思维，以功能为本，塑造出现代空间特有的感觉，高效快捷，时尚有活力，符合年轻人的创新思维。

SUPERMAN
Wonder
Woman

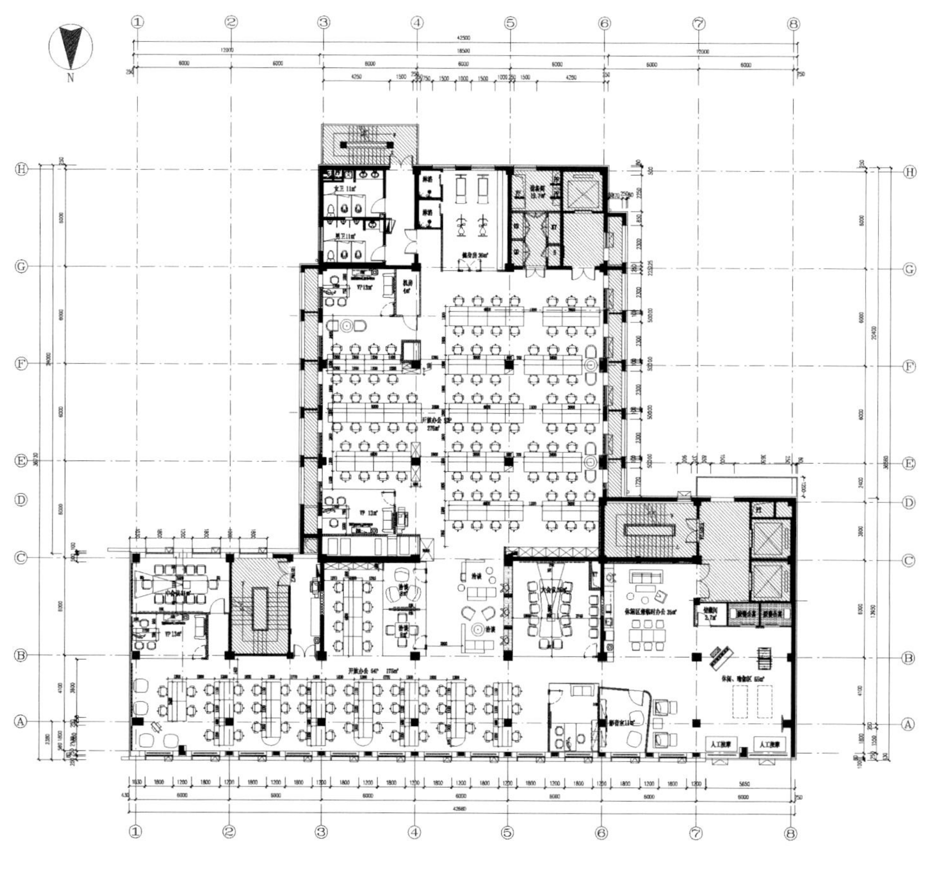

五层平面图

王星
PLU

鸿星尔克营运中心
DECORATION OF ERKE OPERATION CENTER

项目名称 _ *鸿星尔克营运中心* / **主案设计** _ *王斌* / **参与设计** _ *李志芳、林超、苏树杰、郑文献、盛志飞、杨宪卿* / **项目地点** _ *福建省厦门市* / **项目面积** _ *49336 平方米* / **投资金额** _ *5000 万元* / **主要材料** _ *白色铝单板、白色人造石贝、金米黄大理石、烤漆玻璃、方块地毯、GRG 高强度玻璃纤维石膏板等*

A 项目定位 Design Proposition
“寻找生活中的诗意”生活中除了“柴米油盐酱醋茶”外，“琴棋书画诗酒花”也是必需品。前者让我们活着，后者让我们快活，而设计让我们快活的活着。

B 环境风格 Creativity & Aesthetics
围绕海洋、运动、轨迹为元素展开，解构重构，饱满呈现鸿星尔克年轻、阳光、时尚的生活方式。

C 空间布局 Space Planning
摆脱千篇一律，精心的流线型布局创造了合理的办公方式，动感的线条轻盈灵动，散发着勃勃生机。

D 设计选材 Materials & Cost Effectiveness
准确抓住鸿星尔克阳光气质，舍弃万种索求，使用统一色调。不同程度和力度地使用精简材料，材质对比微妙，空间肌理丰富，达到国际面孔颠覆传统办公印象。

E 使用效果 Fidelity to Client
纯净的空间弥漫着阳光，无纷扰静思考，提升办公效率，加上独辟蹊径的营销手法，使鸿星尔克在国际市场上的竞争力与日俱增。

鸿星尔克集团
HONGXING ERKE GROUP

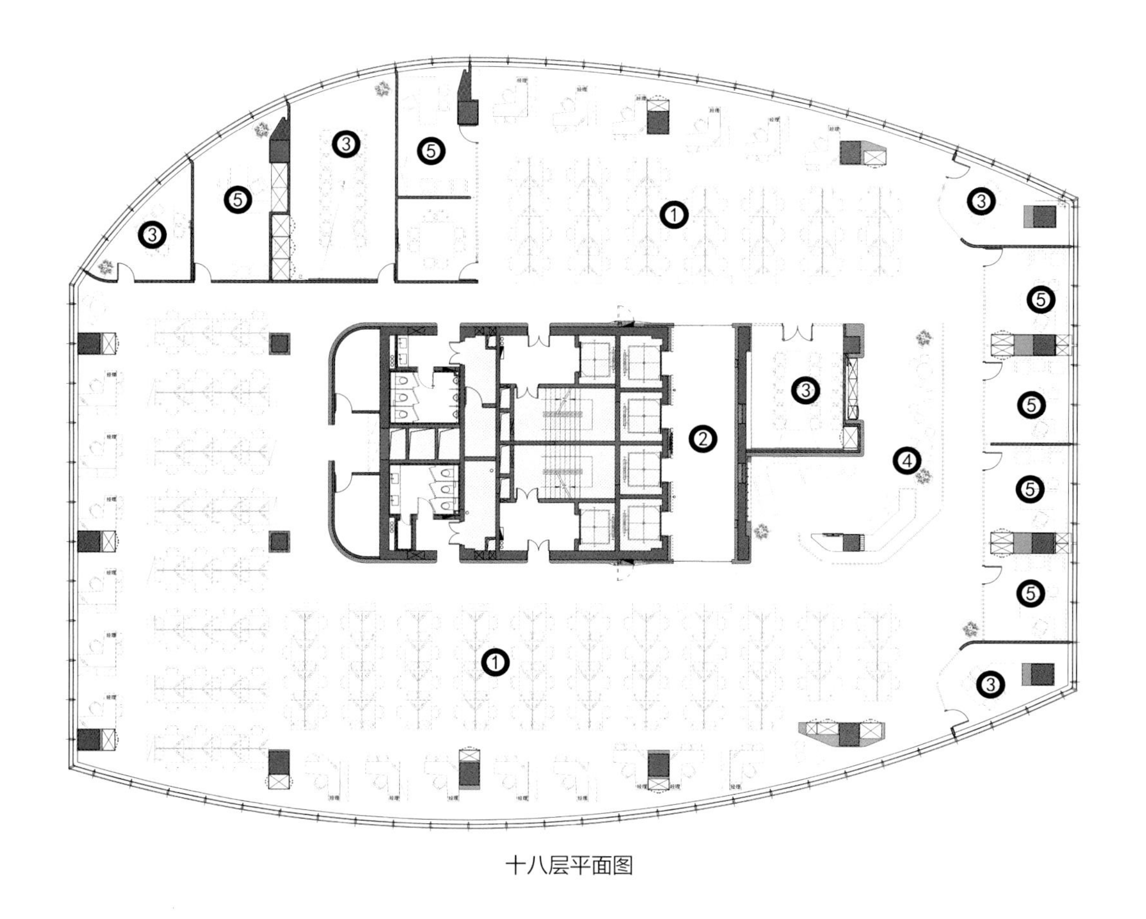

十八层平面图

员工健身俱乐部

云帆（BOX）DESIGN
YUNFAN (BOX) DESIGN

项目名称＿云帆（BOX）DESIGN / **主案设计**＿徐栋 / **项目地点**＿浙江省宁波市 / **项目面积**＿300 平方米 / **投资金额**＿15 万元 / **主要材料**＿墙纸、地板、布艺、透光膜、地砖等

A 项目定位 Design Proposition
随着国力的增强，国学的兴起，人们民族意识的提高，使得中国的传统文化开始风靡。

B 环境风格 Creativity & Aesthetics
设计师把办公室装修成新中式，新中式一般都会给人一种质朴但不失雅致的感受，这就是设计师敢于创新和突破，把以往大家对办公室的风格彻底的颠覆了，办公室也可以如此之典雅并保留了中国文化中的意境。现代的时尚感和中式元素本身是相互冲突的，但设计师把两种原本冲突的风格风格融为一体，却不失去时尚和意境的表现，体现出设计师对艺术的研究方面造型很深。

C 空间布局 Space Planning
开敞、无死角是这一商业空间布局的第一原则，而跃层的层次性又给视觉效果加分，并且集体办公区域与品茶卧榻地面材质让这种统一原则中平添了变化和趣味，同时竖向的虚拟、半虚拟空间切割亦避免了因“一脉统一”而造成的呆板直白。

D 设计选材 Materials & Cost Effectiveness
选材上遵循现代简约、自然、平朴原则，所有材料都倾向于对外传输的简约节省环保主题，与项目空间定位、业态定位取得方向上的一致。

E 使用效果 Fidelity to Client
中式风格的流行过程中，设计师把中式元素与现代包装巧妙结合，秉持中国传统文化中的人文精神、高雅气质，弃其糟粕，打造出了现代人更容易接受也更加喜欢的一种设计风格——新中式风格。

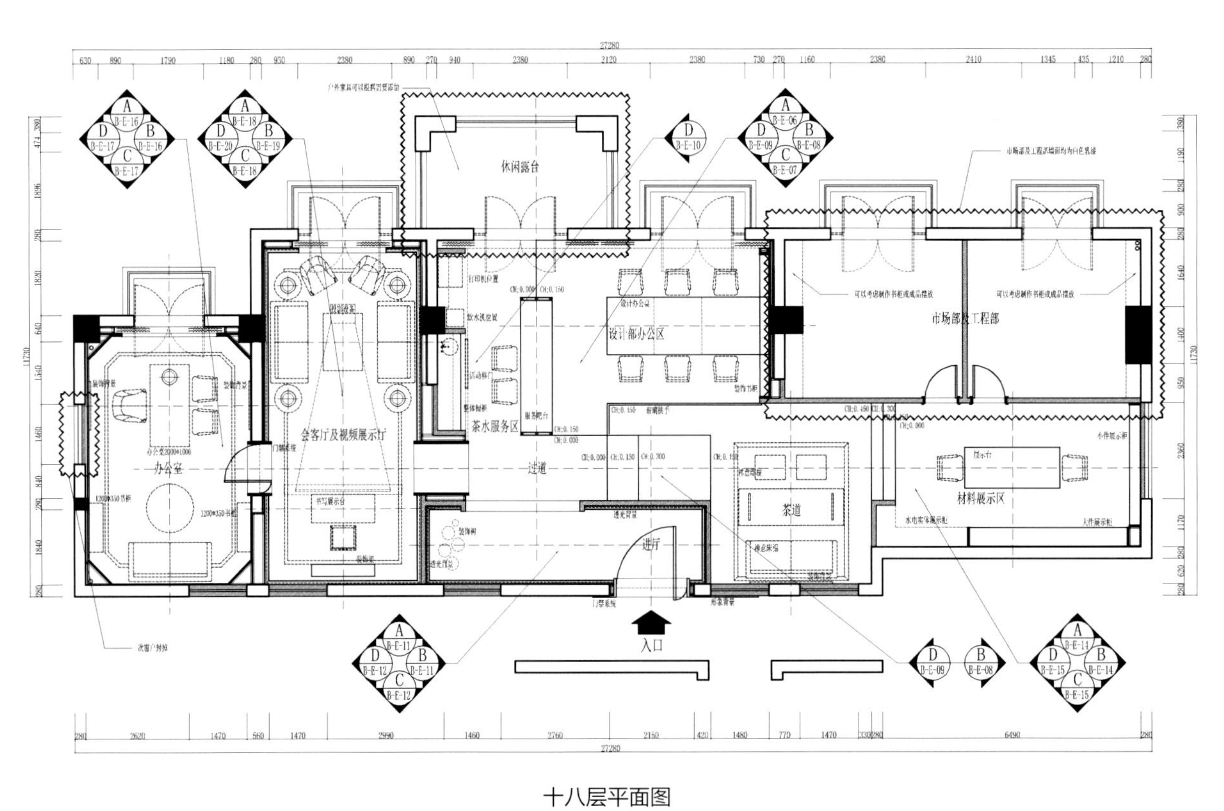

十八层平面图

Restaurant

餐饮空间

春天自助烤肉贵都店 SPRING BARBECUE BUFFET (EQUATORIAL BRANCH)

北京丹江渔村 DANJIANGYUCUN

相遇餐厅 CHANCE RESTAURANT

外滩贰千金餐厅 LADY BUND RESTAURANT

问柳菜馆 WENLIU RESTAURANT

海盗鲜生 PIRATE SEAFOOD BAR

风格的原点·海寿司 THE ORIGINS OF STYLE / HISUSHI

鸿咖啡 HOME CAFE

北京木樨园大董店 BEIJING MUXIYUAN DADONGDIAN

凝眸回响·巴蜀红运火锅餐厅 GAZE-RESOUND SICHUAN GOOD LUCK CHAFING DISH RESTAURANT

郑州优河湾生态园 EXCELLENT BAY ECOLOGICAL PARK

益健苑度假酒店餐厅 GOOD HEALTH RESORT HOTEL RESTAURANT

THOSE YEARS THOSE YEARS

庐鱼风尚主题餐厅 LUYU FASHION THEME RESTAURANT

一茶一坐工业风·哈雷主题店 HARLEY DAVIDSON

七巧巧克力 SEVEN CIAO

壹粟·素餐厅 MILLET RESTAURANT

本素餐厅 TASTE OF HOME

多伦多海鲜自助餐厅万象城店 TORONTO SEAFOOD BUFFET RESTAURANT (WANXIANGCHENG)

山城一锅 SHANCHENG YIGUO HOT POT SHOP

春天自助烤肉贵都店

SPRING BARBECUE BUFFET (EQUATORIAL BRANCH)

项目名称 _ *春天自助烤肉贵都店* / **主案设计** _ *白晓龙* / **参与设计** _ *马霄龙、乐乐* / **项目地点** _ *山西省太原市* / **项目面积** _*1800 平方米* / **投资金额** _*400 万元* / **主要材料** _ *钢铁、水泥、原石、原木等*

A 项目定位 Design Proposition

1）由一座城市，推演出历史、人文、生活、艺术，演绎最凝聚的舞台；2）由一个城事，不经意间让人回首往事，讲述最记忆的故事；3）由一段尘世，联想到在最好的时光，遇见最真实的你。

B 环境风格 Creativity & Aesthetics

1）20 世纪 30 年代——心醉怀旧；2）内燃机 / 后工业——钢铁情怀；3）小市民 / 隧道文化——地下洞穴穿梭。

C 空间布局 Space Planning

由于原始空间结构高度低矮这一缺陷，设计为了更好解决这一问题，衍生出了隧道文化，从而把缺点变成最大的亮点。

D 设计选材 Materials & Cost Effectiveness

本案为体现怀旧年代地铁真实面貌，大量使用钢铁、水泥、原石、原木。

E 使用效果 Fidelity to Client

新颖的地铁主题餐饮空间，让来此就餐的顾客仿佛置身于地铁博物馆，不仅尝到了美食同时也欣赏了地铁文化。

Underground entrance
USINE
Dining area
1530
0351
PLAY IN THE DIRT
GARDEN

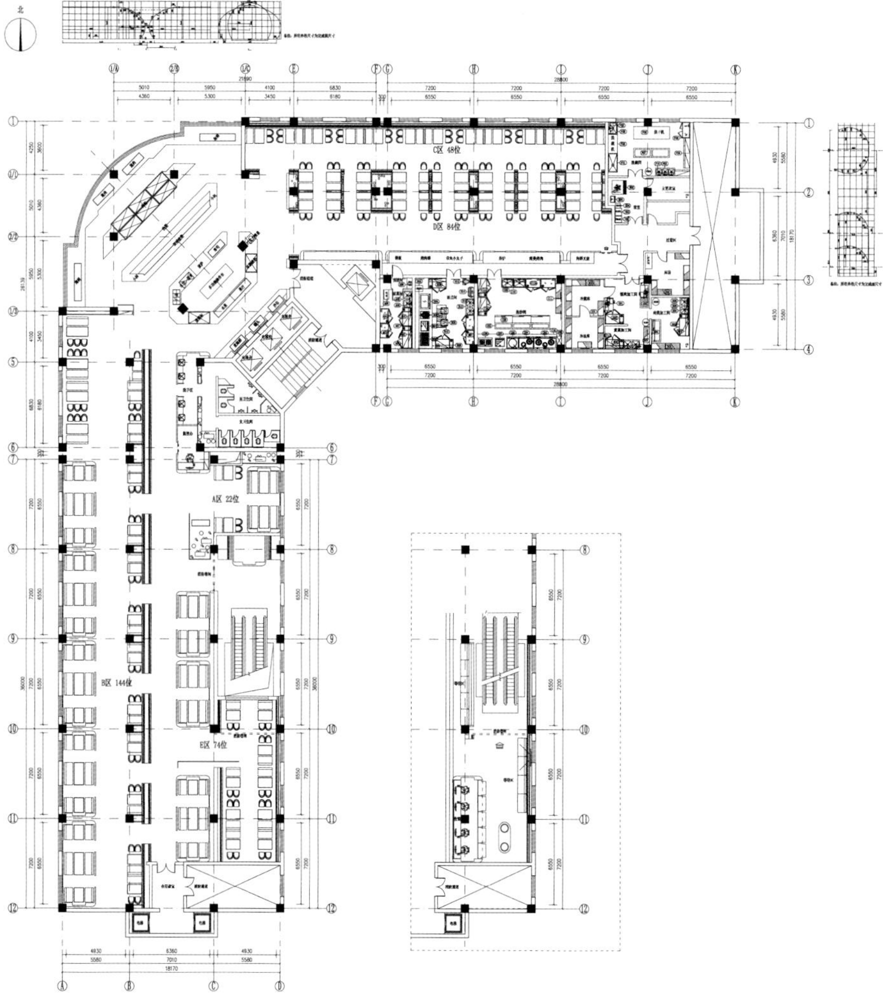

平面布置图

E - Dining area

E - Dining area
FACE OFF

WALL STREET CRASH
UNDERGROUND

All Outdoors
belongs to the
POCKET
POCO
B - Dining area

北京丹江渔村
DANJIANGYUCUN

项目名称 _ *北京丹江渔村* / **主案设计** _ *吴晓温* / **参与设计** _ *袁明、李敏* / **项目地点** _ *北京市海淀区* / **项目面积** _ *1500 平方米* / **投资金额** _ *240 万元* / **主要材料** _ *碳化木、黄泥、贝壳、铁板、环氧树脂漆等*

A 项目定位 Design Proposition
市场定位“远离城市嘈杂的乡野渔村”，设计策划“注重有生活场景的售卖”，倡导自驾、自助、自娱自乐的自由生活，提供健康、有机的食品，制造有趣、好玩的互动生活。

B 环境风格 Creativity & Aesthetics
场景化就餐环境，游走在乡野渔村，采用内建筑的形式，打破室内室外的界限。

C 空间布局 Space Planning
区域化设置，街景式铺开，围绕丰富的明档展开布局，形成顾客与商家的交融互动。

D 设计选材 Materials & Cost Effectiveness
把建筑材料用到室内，让材料散发自然的乡土气息。

E 使用效果 Fidelity to Client
顾客乐于享受这种久违了的乡野情怀，把就餐真正作为一种放松的形式来感受不一样的生活。

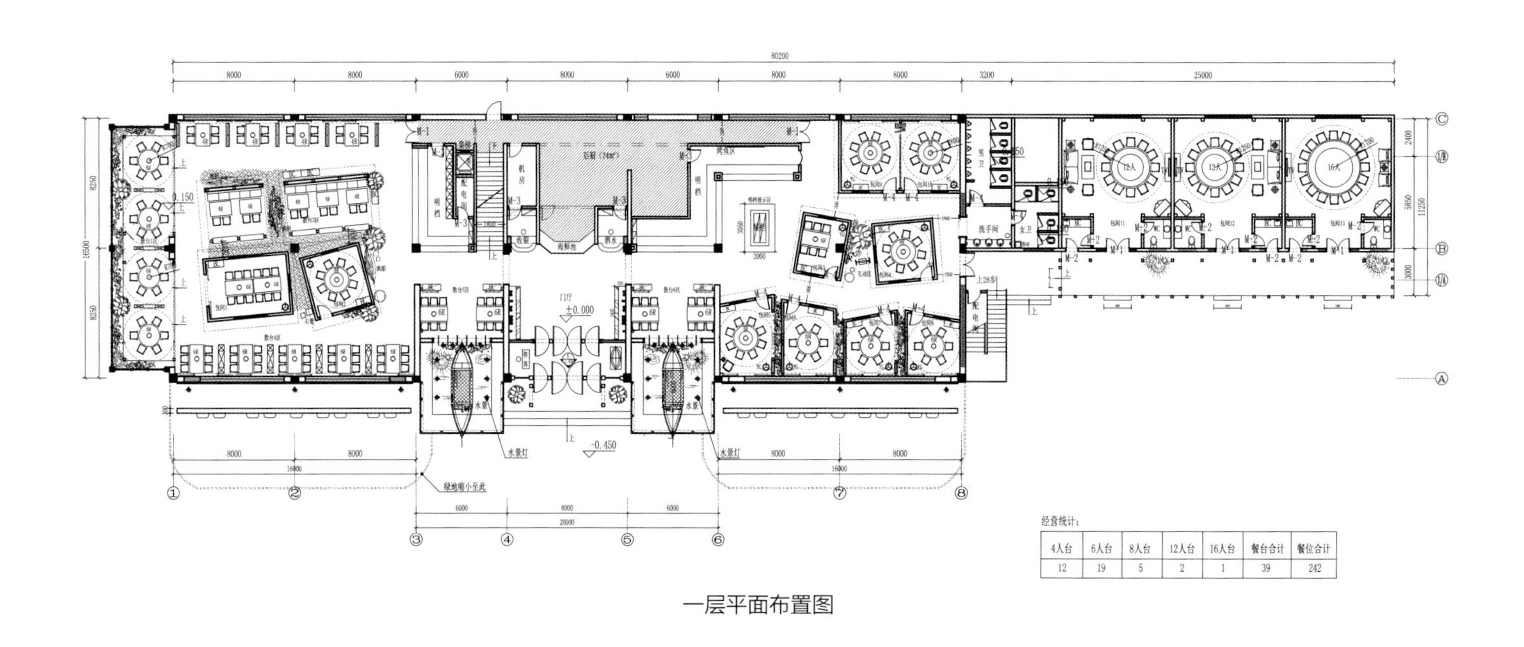

经营统计：

4人台	6人台	8人台	12人台	16人台	餐台合计	餐位合计
12	19	5	2	1	39	242

一层平面布置图

相遇餐厅
CHANCE RESTAURANT

项目名称 _ *相遇餐厅* / **主案设计** _ *孙传进* / **参与设计** _ *胡强、陈以军、何海滨* / **项目地点** _ *安徽省芜湖市* / **项目面积** _ *400 平方米* / **投资金额** _ *300 万元* / **主要材料** _ *简一、莫干山、白药山、银汀金属等*

A 项目定位 Design Proposition

主流的消费对话主流的美学导向，80~90 后可谓“车轮上的群体”，针对主体消费群体的独特的视觉定位，符合年轻人对新事物奇、特、好玩的追求。大工业时代的特定产物——汽车，作为社会主流消费的代表被植入进设计场景里，也符合现如今我国的消费时代。

B 环境风格 Creativity & Aesthetics

当代建筑难道只能用那些看起来完整的混凝土来表现吗？设计师尝试用日常生活艺术中的手法：涂鸦、SCRAWL、指路牌、花花草草、绿植墙再一次平衡了这些视觉基点。全案以现代艺术手法，汽车、钢铁、混凝土等工业元素在低照的空间里，通道相对艳丽的质感家具映衬下将顾客置于生机盎然的交汇和纯粹的世界里……

C 空间布局 Space Planning

前区的频闪交通信号灯，在人流如潮的大环境中，冲突的表现了设计师在商业展示方面，具前沿性的思维…… 动线在核心区形成了一个集结区，“CHANCE”邂逅在其他的“心”点，设计师给予空间第一次回馈，注雅致，精致汇聚，形成意念，现实的一次邂逅……也是设计师的心声，当下的主流餐厅都只剩下了这样的铜铁和斑驳了吧！

D 设计选材 Materials & Cost Effectiveness

古老、斑驳而又极具力量感的上世纪的集装货柜，倾诉漂洋过海的经历，在环抱的彩色灯泡烘托得“化妆镜”前，过往行人，心间亦有同样的唏嘘和沧桑……激发一探究竟的冲动和意愿。 而车语言的刻画和精心的装饰，丰富了整体方面的表情，防滑钢板作为前区地面质地，强调极其冷硬感，锈使心情有舒缓回温，体验十足，划分区域同时平顺自然成为导流艺术标识……

E 使用效果 Fidelity to Client

城市 shopping mall，主流消费文化和消费习惯，在国际化商业高手的整合和创新后，会更多的便捷在方寸的建筑综合体内彻底重构……在同类的商场餐饮品牌内，相遇在客单价，翻台率上远远超出同行，营业时间上大大加长。

NCE

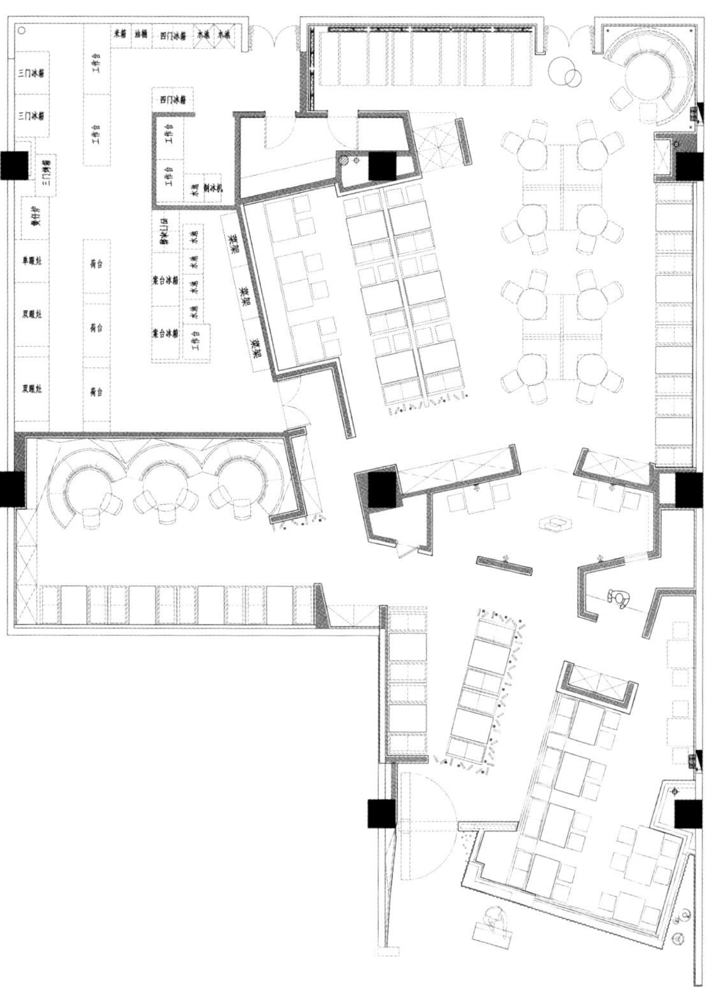

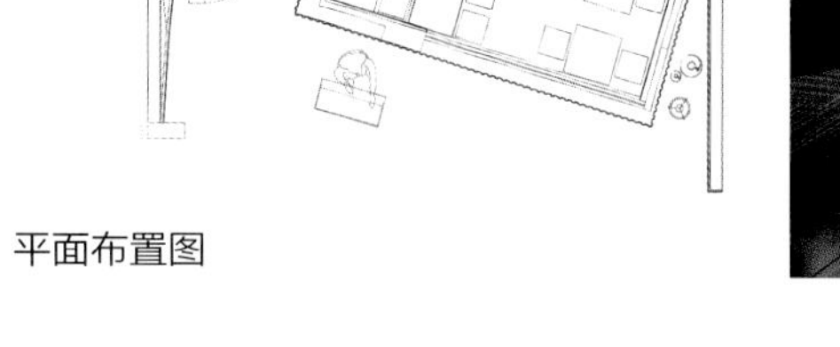

平面布置图

8·00
can

POOL
BEACH

CENTURY
CENTURY

外滩贰千金餐厅
LADY BUND RESTAURANT

项目名称 _ *外滩贰千金餐厅* / **主案设计** _ *Thomas Dariel* / **项目地点** _ *上海市黄浦区* / **项目面积** _ *1200 平方米* / **投资金额** _ *100 万元* / **主要材料** _ *宣纸、软膜、绷带、铜管等*

A 项目定位 Design Proposition

贰千金（Lady Bund）餐厅位于外滩 22 号，主营创意亚洲料理。餐厅所在建筑前身始建于 1906 年，地理位置毗连十六铺码头，是一栋典型的折衷主义历史老建筑。修缮后的外滩 22 号以其特有红砖立面在外滩建筑群中独树一帜，仿佛女子着一袭红裙，极具历史韵味。介于餐厅的建筑背景是西方建筑形式与东方历史文化完美结合的典范，业主期望能在贰千金内部延续东西一统的精神韵味，于是邀请了扎根上海的法国设计师 Thomas Dariel 操刀室内设计，发挥其擅长的文化兼容现代的设计手法。

B 环境风格 Creativity & Aesthetics

有机穿插了东方语汇元素与西方呈现方式，Thomas Dariel 将这种融合性贯穿于整个室内设计中，与贰千金创意亚洲料理的菜品风格一脉相承。在此基础上，为了进一步丰富功能，空间内部不着痕迹地刻画了两种不同的语境氛围：平日里轻松休闲的餐厅和入夜后私密尊贵的酒吧。

C 空间布局 Space Planning

Thomas Dariel 为每一片区域都设计了一个主题，使之自成一景。 入口处的前台区域首先为餐厅奠定了基调。由此步入，圆角吧台首先映入眼帘。如果说前台是引子，那么作为贰千金故事的开篇，吧台区域直奔主题，选择亚洲传统书法元素来点题。穿过吧台，便进入了一片开敞的核心区域，悉数保留的原始拱形窗格，带来开阔迷人的外滩江景。偌大的空间主要划分为两片。中央区域基地被稍稍抬高，用作就餐区。受到传统丝纺机器的启发，在第二就餐区，Thomas 将细绳索相互穿插扭曲，交织出几何图案，编出了一张若有若无又的丝网，笼罩在整个空间之上。

D 设计选材 Materials & Cost Effectiveness

在客户预算有限的情况下，设计师通过材料的灵活运用打造出立体丰富的效果。比如，为了体现中国文化，吧台区域的天花运用了垂落的宣纸，与另一侧挂在墙壁上有机排列的毛笔装饰作呼应。除此之外，特别设计的汉字灯箱、各处软膜天花、绷带绕出的包间、工业感铜管的加入都使整个餐厅的每一个空间都有故事可讲。

E 使用效果 Fidelity to Client

外滩贰千金餐厅自开门迎客起便一跃成为全城最炙手可热的餐厅，其设计引发了餐饮、时尚、设计界的热烈讨论，荣获了包括 2015WOW 沃画报评选的 Top10 最佳餐厅荣誉等。

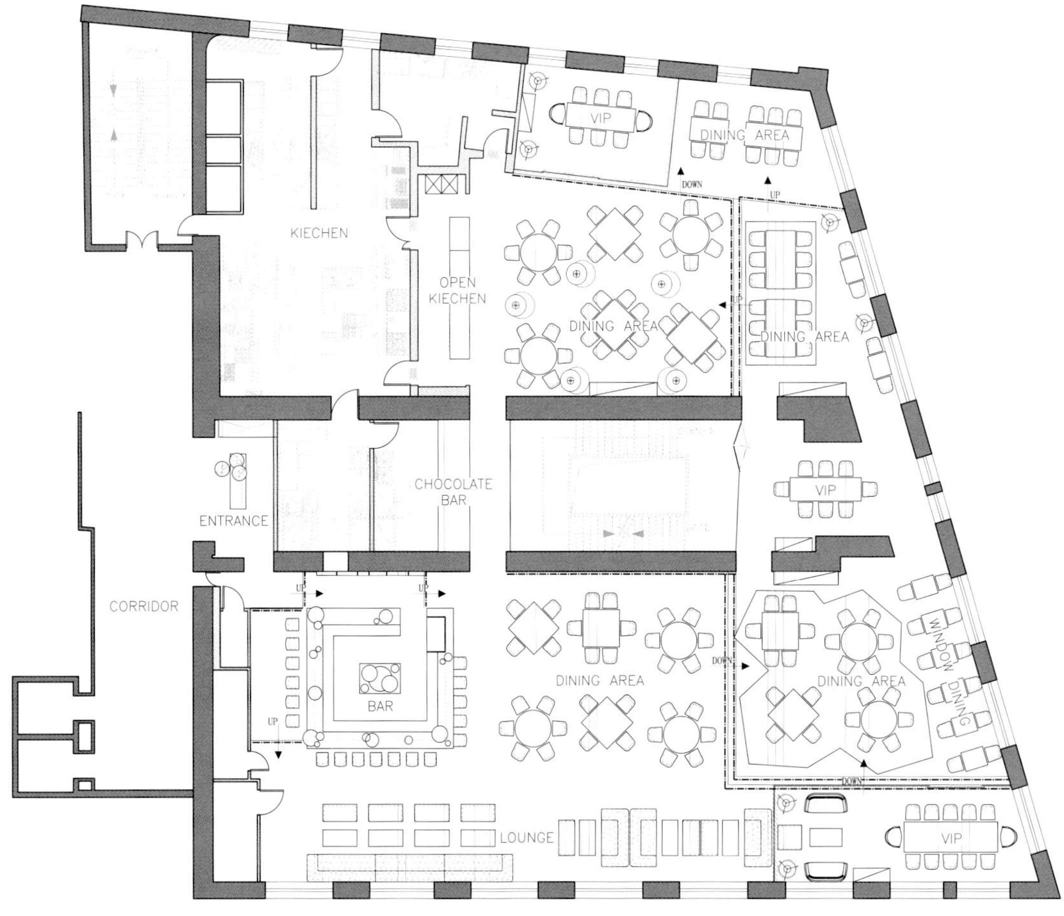
VIP
DINING AREA
DOWN
UP
KIECHEN
OPEN KIECHEN
DINING AREA
DINING AREA
CHOCOLATE BAR
ENTRANCE
VIP
CORRIDOR
BAR
DINING AREA
DINING AREA
WINDOW DINING
LOUNGE
VIP

平面布置图

问柳菜馆

WENLIU RESTAURANT

项目名称_*问柳菜馆* / **主案设计**_*潘冉* / **项目地点**_*江苏省南京市* / **项目面积**_*1439 平方米* / **投资金额**_*867 万元* / **主要材料**_*瓦片、砖细、竹节、风化榆木等*

A 项目定位 Design Proposition

昔日秦淮，有三家老字号的茶馆，俗称“三问”茶馆，其名分别取自：“问渠哪得清如许，为有源头活水来。”——问渠；“使子路问津焉。”——问津；“问柳寻花到新亭”——问柳。“三问”约建于明末清初，是文人墨客聚会、商家巨贾谈生意的常往之地。本次设计的对象，恰恰是以兼制活鲜菜肴闻名的“问柳”茶馆。

B 环境风格 Creativity & Aesthetics

从中国传统精神出发，隐忍含蓄地使用中国式语言，结合运用建筑原有特色，打造内部安宁的环境氛围。“问柳”夸而有节，饰而不诬，恭敬地表达着空间营造者谦卑的诚意。众多当代名家留下的笔绘作品、手工艺品、艺术品与建筑装饰与建筑本体紧密结合，营造出平和高尚的空间气场。时间、光线、故事在此流转融会、一气呵成。

C 空间布局 Space Planning

听雨看荷，第一重天井结合门厅设置，此处为故事的序章，洗净街市喧哗，让来客缓缓沁入建筑内部安宁的环境氛围。随着步步深入，第二重天井展现于眼前，它位于堂食厅的核心，是整栋建筑的心脏。一层空间的排布、二层包间的布置皆为围绕天井层层展开。天井的设置反映出中国风水流转的轮回思想，同时帮助建筑破除空间死角，为内部环境争取到充足的空气和光线。东西南北任何朝向空间都接受阳光沐浴，光线作用在古典建筑构造上，衍生出美妙的艺术效果。

D 设计选材 Materials & Cost Effectiveness

选用了瓦片、砖细、竹节、风化榆木等当地材料，最朴素的材料在当代工艺的精细研磨下，使室内空间焕发出质朴祥和的气息。

E 使用效果 Fidelity to Client

空间里存着满满的人文情怀，运营后老百姓好评如潮，似乎回到了当年繁盛景象。

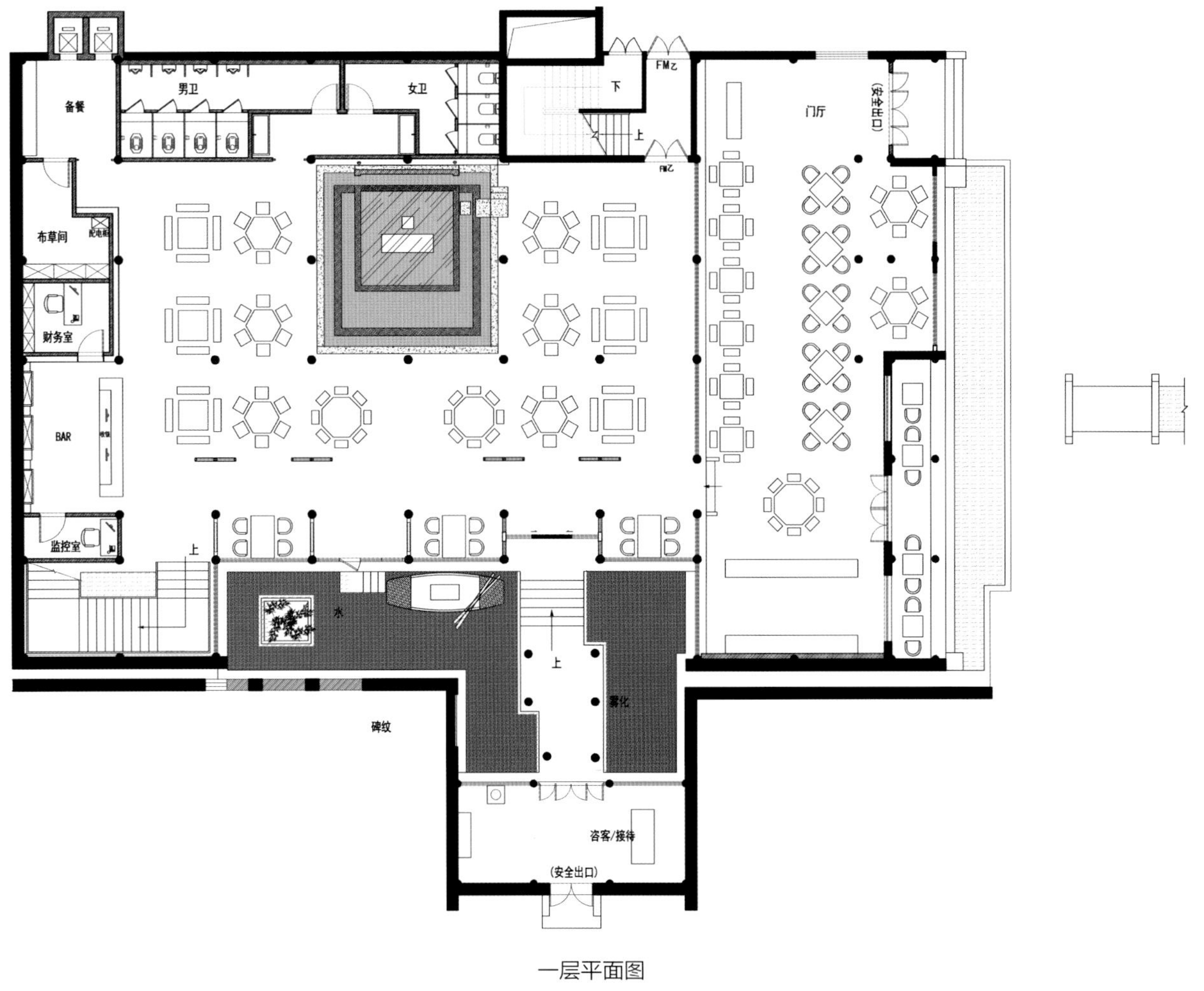

一层平面图

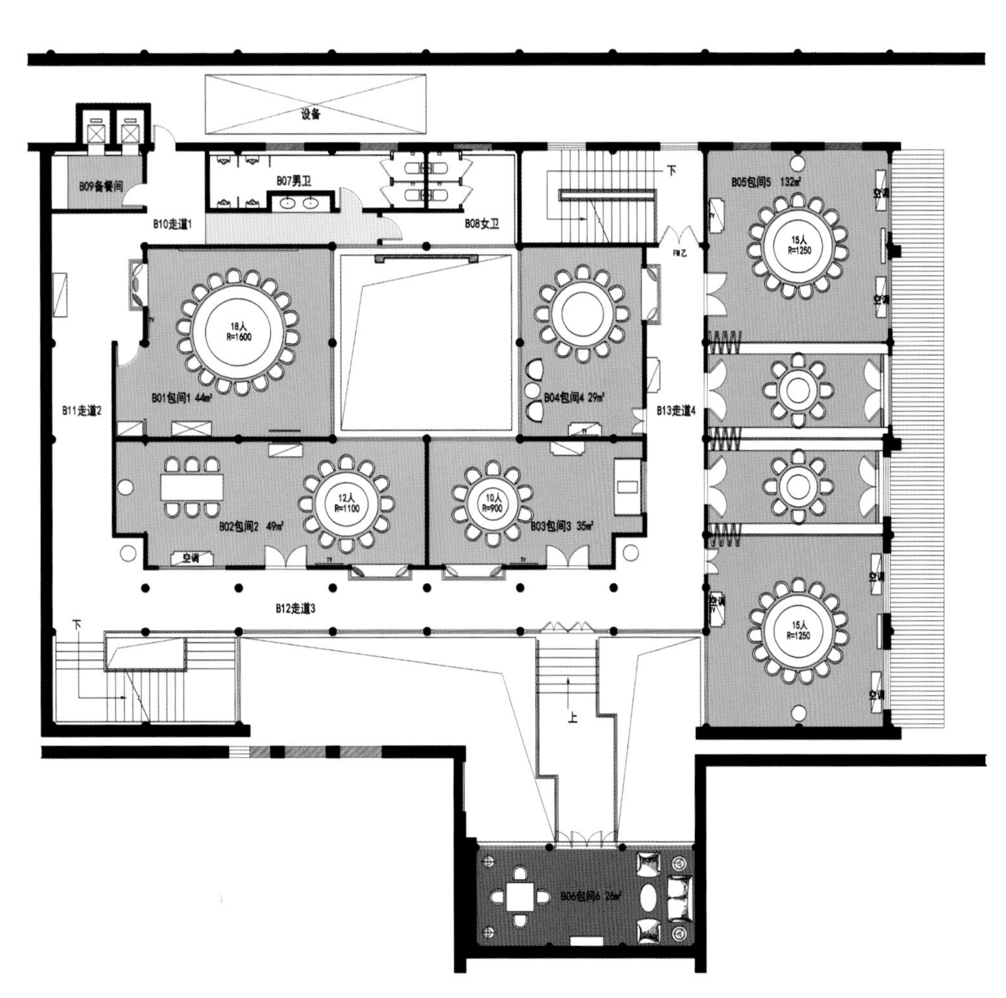
设备
B09备餐间
B07男卫
B10走道1
B08女卫
下
B05包间5 132m²
空调
FM乙
15人
R=1250
18人
R=1600
B01包间1 44m²
B04包间4 29m²
B11走道2
B13走道4
12人
R=1100
B02包间2 49m²
10人
R=900
B03包间3 35m²
空调
B12走道3
下
15人
R=1250
上
B06包间6 26m²

二层平面图

經魁

清光摇素怀

泉石野生涯
烟霞闲骨格

海盗鲜生
PIRATE SEAFOOD BAR

项目名称 _ 海盗鲜生 / 主案设计 _ 徐梁 / 项目地点 _ 浙江省杭州市 / 项目面积 _500 平方米 / 投资金额 _140 万元 / 主要材料 _ 钢板、钢筋网、水泥墙地、特定光源等

A 项目定位 Design Proposition

一个充满激情和魔力的酒吧餐饮空间，用空间和光语给年轻人营造一个另类的社交平台和散发激情之地。

B 环境风格 Creativity & Aesthetics

当黑色的钢网中充斥着诡异的红光与绿色的幽灵之光时，牢狱般的空间更令人诧异，恐怖气氛弥漫于其中。

C 空间布局 Space Planning

游走于层层钢网建筑与透视之间的穿插。

D 设计选材 Materials & Cost Effectiveness

运用了钢板、钢筋网、水泥墙地、特定光源，更好的表达了牢狱中的激情与魔力。

E 使用效果 Fidelity to Client

满意。

收银台
CASHIER
AYE
WANNA BE

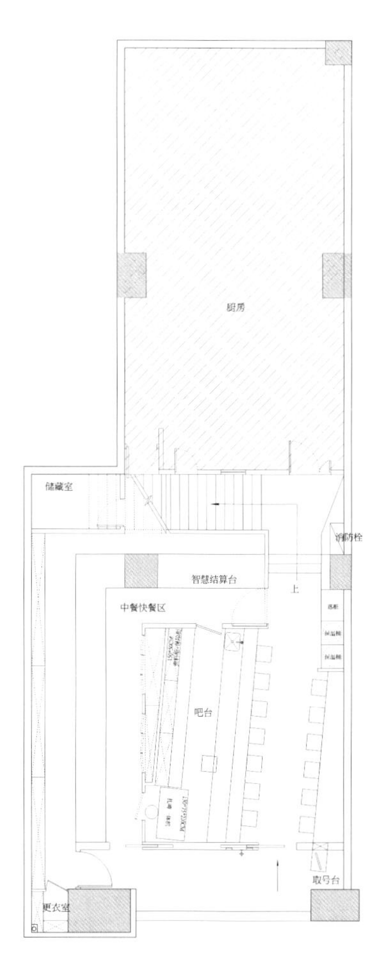
厨房
储藏室
消防栓
智慧结算台
中餐快餐区
吧台
取号台
更衣室

一层平面图

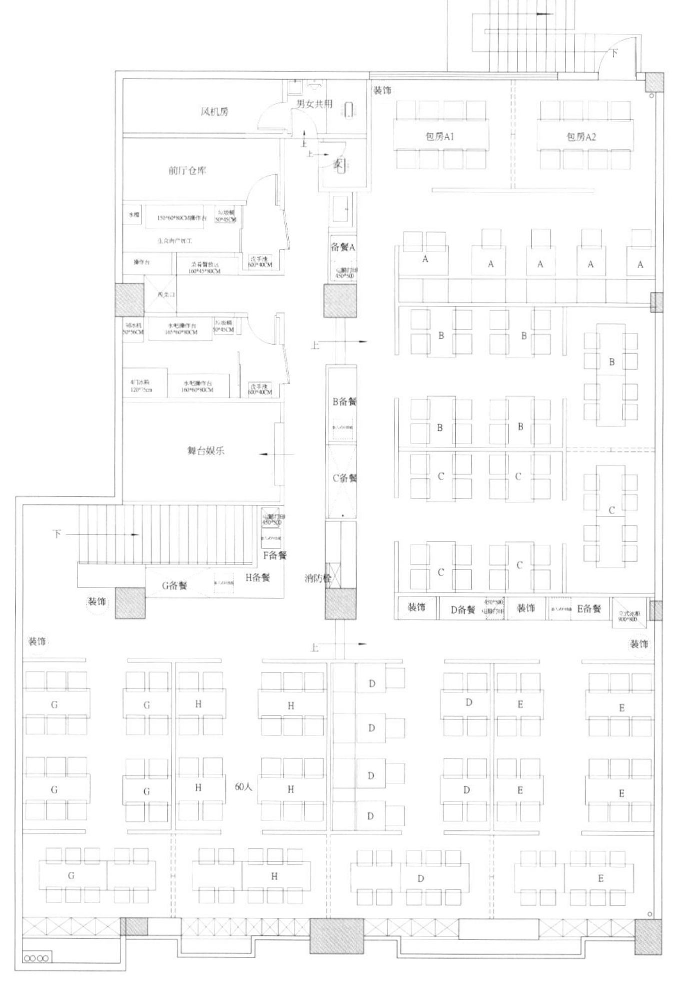
风机房
男女共用
装饰
包房A1
包房A2
前厅仓库
备餐A
B备餐
C备餐
舞台娱乐
F备餐
G备餐
H备餐
消防栓
D备餐
E备餐
60人

二层平面图

收银台
CASHIER
AYE
WANNA
ME.

WORK
PLAY
PIRATE

NA BE

D5
D3
D2
D1

ME,

PLAY
PIRATE
nk the Origin Food to

D5

E1

PIRATES
LIFE
FOR ME
SAVVY

风格的原点·海寿司

THE ORIGINS OF STYLE / HISUSHI

项目名称 _ *风格的原点·海寿司* / **主案设计** _ *杨竣淞* / **参与设计** _ *罗尤呈* / **项目地点** _ *台湾台北市* / **项目面积** _ *165 平方米* / **投资金额** _ *100 万元* / **主要材料** _ *木皮等*

A 项目定位 Design Proposition

当潮流不再年轻，风格再上一层追求，需要一种返璞归真的质感。对空间而言，质感，是带有情感认同的舒适与自在。质感能够存在于任何形式之上，甚至不具特定风格，然而它令人念念不忘，并且向往身处其间。

B 环境风格 Creativity & Aesthetics

海寿司，经过逐年的发展，已经建立起自己鲜明的时尚餐饮形象。然而，就像每一个曾经总是总在潮流尖端的时尚达人最终都会化繁为简、回归本质一般，以内湖店为一个转折点，我们想透过崭新的餐饮空间，将海寿司的本质——包括食材、滋味和经营之道等最原始的初衷——重新传达给来店的客人。于是，我们将这个店面想象为大海上一艘灯火通明的渔船，它有自己的航道、不曾迷失，那个引导返港的方向，就是海寿司的初心：用和谐简约的调理，去尊重、品味、珍惜来自土地与海洋恩赐的食材。

C 空间布局 Space Planning

这个故事的主角、也是店内的灵魂所在，回转台，是那艘海上夜捕的渔船，灯火通明、勇往直前、充满生命力。我们刻意选择了类似油灯造型的吊灯，用序列的方式凸显数量，让空间被吧台上的吊灯布满，配合喷黑铁架与铁网，完整呈现古朴的美感。食客置身其中，抬眼看见的每一个面向，都是海寿司的浮世绘，不仅有层次，还有故事的想象延伸。

D 设计选材 Materials & Cost Effectiveness

落实在做法上，首先是以木皮作为整体质感的基底，这种非常直接而传统的日本风格元素，淡而隽永。在这样的底色之上，第二层，我们使用一种不抢眼却仍有存在感的日式传统蓝白图纹，铺满空间的前区，创造出一种对立却不突兀的视觉。这两种本来各自温和的元素，合在一起，却激荡出微妙的故事张力，再加上葛饰北斋的浮世绘，破题一般的，带出空间的具体意象。

E 使用效果 Fidelity to Client

使用效果非常好。

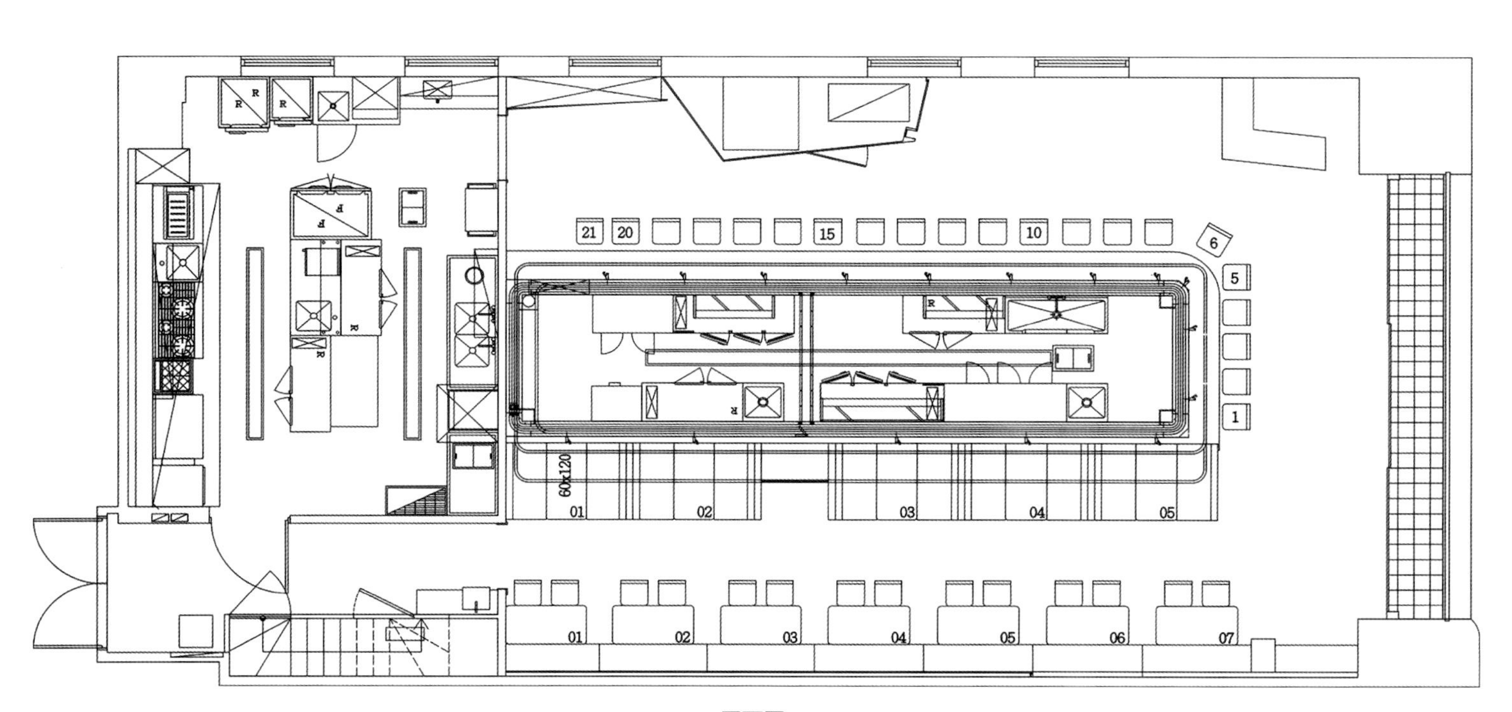

平面图

鸿咖啡
HOME CAFE

项目名称 _ 鸿咖啡 / **主案设计** _ 孙大勇 / **参与设计** _Chris Precht、权赫、尚荔 / **项目地点** _ 天津市武清区 / **项目面积** _250 平方米 / **投资金额** _80 万元 / **主要材料** _ 钢筋等

A 项目定位 Design Proposition
基于大都市雾霾的现状，我们希望创造一个城市中的绿色角落，可以让人们从糟糕的现实中得到瞬间的逃离。

B 环境风格 Creativity & Aesthetics
打破传统的室内设计仅进行界面装饰的手法，使空间、分隔、家具、绿植有机地融为一个整体，形成一个完整的微型自然生态环境。

C 空间布局 Space Planning
空间中所有分割都是可移动的，这样可以适应空间不同功能的需求和转换。

D 设计选材 Materials & Cost Effectiveness
利用建筑工程回收的钢筋作为格架系统，这样使原本的建筑垃圾获得了第二次新生。

E 使用效果 Fidelity to Client
组品落成后得到了众多媒体发表，吸引了大量的参观者慕名而来。同时也在全国刮起了一场 " 钢筋书架 + 绿植 " 的拷贝风潮。

COFFEE

此处门拆除改窗
员工/货物入口
Staff entrance
沙发区
Sofa
沙发区
Sofa
备品柜
Shelf
67座 Seats
出餐口
Meal
Window
吧台
Counter
厨房
Kitchen
17.3m2
主入口
Main entrance
聚会区
party
备品柜
Shelf
回餐口
Service
男卫
M Toilt
女卫
W Toilt
散座区
Chairs

平面图

职场口才
厚道

职场口才
厚道

北京木樨园大董店

BEIJING MUXIYUAN DADONGDIAN

项目名称 _ *北京木樨园大董店* / **主案设计** _ *刘道华* / **项目地点** _ *北京市丰台区* / **项目面积** _ *2380 平方米* / **投资金额** _ *2000 万元*

A 项目定位 Design Proposition

大董木樨园桥店，位于北京市天雅国际购物中心，设计师在了解了业主的要求后，以及大董店今后的经营方针后，把木樨地大董店的整体风格定位于现代新中式风格上。

B 环境风格 Creativity & Aesthetics

黑白拼接博物馆的空间（理念），色彩、材质、江南元素，装置时尚艺术，影像艺术及照明艺术，平面元素，文化主题的植入，还有墨点、玉兰花的吊顶设计，这些都是在大董店中最常出现的设计元素。

C 空间布局 Space Planning

设计师巧妙地用江南街巷围墙般的隔断造型，来划分各个空间，让来到此处的客人有种游走在江南街巷的情景。

D 设计选材 Materials & Cost Effectiveness

黑白拼接博物馆的空间（理念），色彩、材质、江南元素，装置时尚艺术，影像艺术及照明艺术，平面元素，文化主题的植入，还有墨点、玉兰花的吊顶设计，这些都是在大董店中最常出现的设计元素。

E 使用效果 Fidelity to Client

在投入运营后，好评如潮。

DADONG

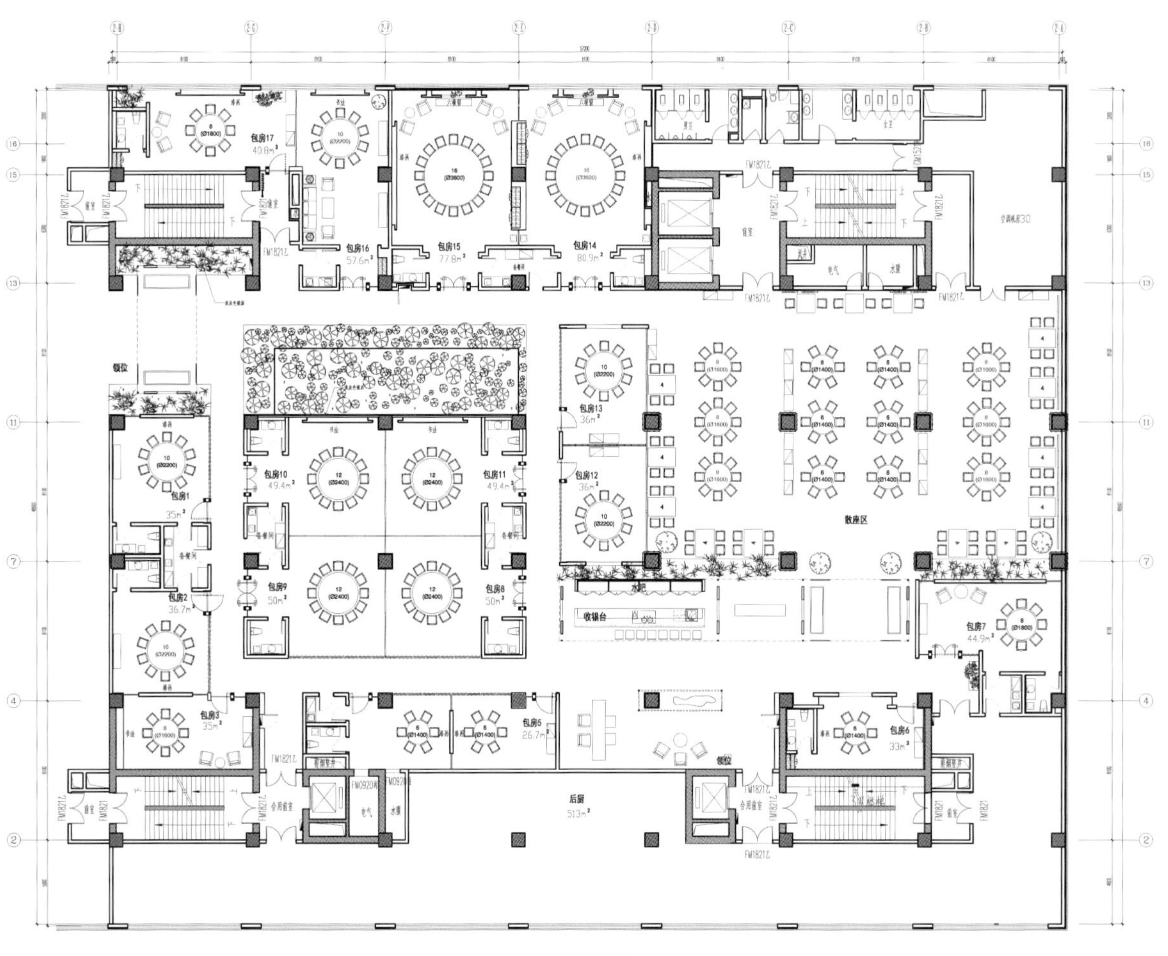

包房17
40.8m^2
包房16
57.6m^2
包房15
77.8m^2
包房14
80.9m^2
领位
包房13
36m^2
包房12
36m^2
散座区
包房10
49.4m^2
包房11
49.4m^2
包房9
50m^2
包房8
50m^2
包房1
包房2
36.7m^2
收银台
包房7
44.9m^2
包房3
35m^2
包房5
26.7m^2
包房6
33m^2
领位
后厨
513m^2

平面图

至喜七月流火九月授衣
春日載陽有鳴倉庚
女執懿筐遵彼微行
爰求柔桑
春日遲遲采蘩祁
女心傷悲殆及公子同

所谓伊人
在水一方
溯洄从之
道阻且长
溯游从之
宛在水中央

鹿鳴

凝眸回响·巴蜀红运火锅餐厅
GAZE-RESOUND-SICHUAN GOOD LUCK CHAFING DISH RESTAURANT

项目名称 _凝眸回响·巴蜀红运火锅餐厅 / **主案设计** _吴少余 / **项目地点** _福建省福州市 / **项目面积** _1200 平方米 / **投资金额** _500 万元 / **主要材料** _原木立柱、旧墙砖、旧瓦砖片等

A 项目定位 Design Proposition
本项目主营正宗的川味火锅，设计定位为地道川式建筑风格，本案设计的难点是要在厂房式的钢构基础框架上做出古建筑建构。

B 环境风格 Creativity & Aesthetics
在传承古典建筑风格的基础上，追求在纯正的基础上进行创新。

C 空间布局 Space Planning
一层利用建筑的下沉洼地建造大厅首层用餐区，利用五米层高建二层大堂回廊，从而形成中庭挑空，三层空间则为包间集中区域。整个项目已经超越了室内设计层面，更多的是空间建筑的创作。

D 设计选材 Materials & Cost Effectiveness
本案施工执行十分重视可持续环保概念，80% 的材料是回收拆迁房古建筑材料，如原木立柱、旧墙砖、旧瓦砖片，窗框是旧窗修复或拼装而成，化整为零的再创造，同时又保留了传统建筑的神韵。

E 使用效果 Fidelity to Client
开业后，客户相互间朋友圈达到疯传效应，形成良好的客户口碑宣传效果。

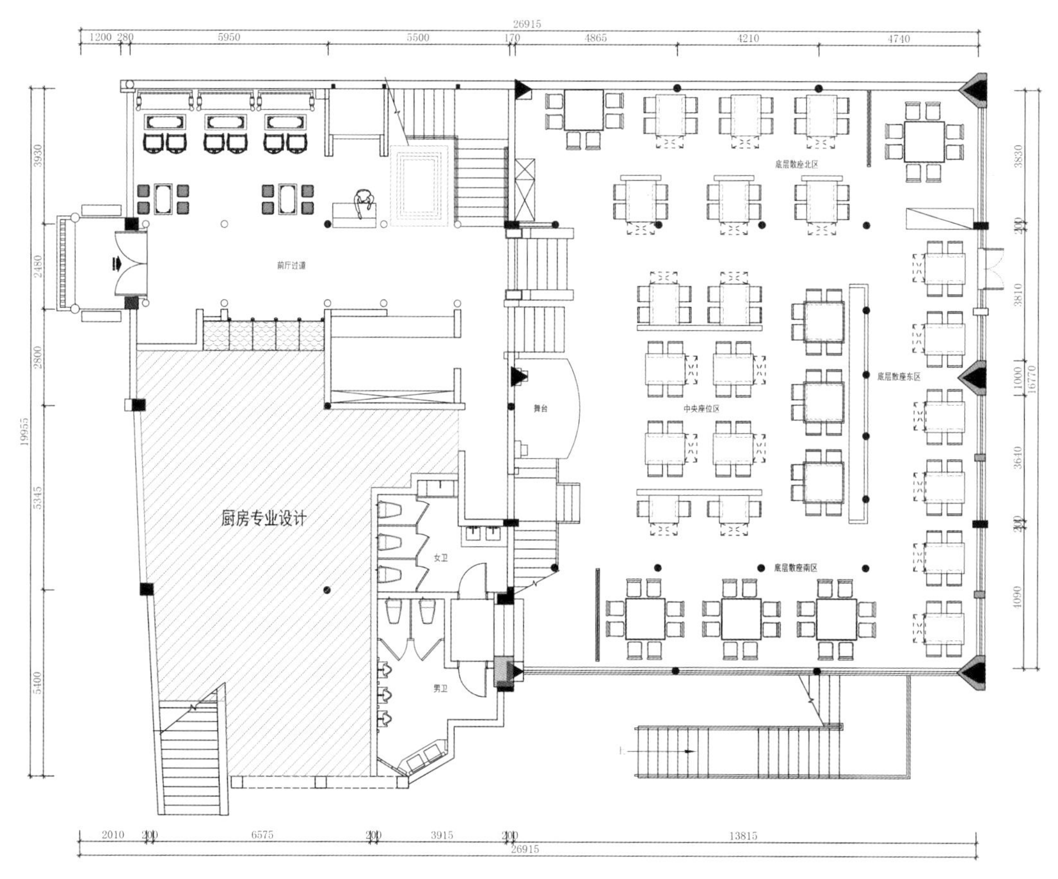

前厅过道
厨房专业设计
女卫
男卫
舞台
底层散座北区
中央座位区
底层散座东区
底层散座南区
26915
1200
280
5950
5500
170
4865
4210
4740
2010
200
6575
3915
13815
3930
2480
2800
19955
5345
5400
3830
3810
1000
16770
3640
4090

一层平面图

郑州优河湾生态园
EXCELLENT BAY ECOLOGICAL PARK

项目名称 _ *郑州优河湾生态园* / **主案设计** _ *王本立* / **参与设计** _ *程浩、朱宁、石晓慧、梁恩展* / **项目地点** _ *河南省郑州市* / **项目面积** _ *1600 平方米* / **投资金额** _ *500 万元* / **主要材料** _ *竹笆、原木、毛石、灰砖等*

A 项目定位 Design Proposition

郑州优河湾生态园位于郑州市科学大道与荥广路交汇处，毗邻南水北调大桥，地理位置和生态环境优越。它一面临涯，三面环水，沟壑纵横，梯田层层，地貌极富特色。经过几年的开发建设，逐步发展成为集生态循环种养、观光旅游、务农体验、健康美食、会议接待于一体的都市休闲观光农业园区。

B 环境风格 Creativity & Aesthetics

绕河道上行至中心地带，一片中式建筑映入眼帘，前面的空地芳草鲜美，灌木丛生。拾阶而上，两侧茂林修竹；中间一条碎石铺就的步道，迤逦通向用一枝枝黄绿相间的毛竹隔断而成的幽静廊道。中心处，几汪水波清澈见底，毛竹隔断与天花板上装饰的竹笆相映成趣。靠近室内一侧的墙壁用乡村常用的老腻子批就，内中的稻壳粗砺而又透出温暖的细腻，令人如置身鸡犬相闻的村落。阳光斜照水面，波浪的粼纹透过竹竿之间的空隙映在墙上。

C 空间布局 Space Planning

行至位于中部的多功能厅，门侧是四根原木立柱，八扇用松木制作的花格担任着转换空间的重要角色。侧面茶室的长条沙发和超大原木几案使空间气势大增，黑瓷缸里插满了明艳摇曳的白梨花，原本硬朗的空间顿时显出了柔美与雅致。茶桌上的品茗杯散发着袅袅茶香，隔扇外风声水声送来绕梁琴音，画案上笔墨已备，似待你挥毫抒意。书案之上，汇聚着中华千年文化与你分享。案前小桌上，一盘棋正等着黑白论道，一分胜负。古朴沉静的新明式家具，和透出文人情趣的陈设让空间充满了诗意，静静的等待着嘉宾在此坐而论道。可以调素琴，阅金经，让身心意绪沉淀下来，远离纷扰。 绕回廊四周分布的11 间包房，分别以“潇湘水云”、“春江花月”、“梅花三弄”、“渔舟唱晚”、“渔樵问答”等古琴曲命名，与周围的自然环境融洽相得。

D 设计选材 Materials & Cost Effectiveness

房间内用竹笆、原木、毛石、灰砖做成形态各异的造型装饰，各自用自然的本质表达着自己的生命，时而久远，时而如新，使人流连忘返。

E 使用效果 Fidelity to Client

设计师独运匠心，借用光、水、竹子合力造就的动态光影，让廊道中的人如在画中穿行。

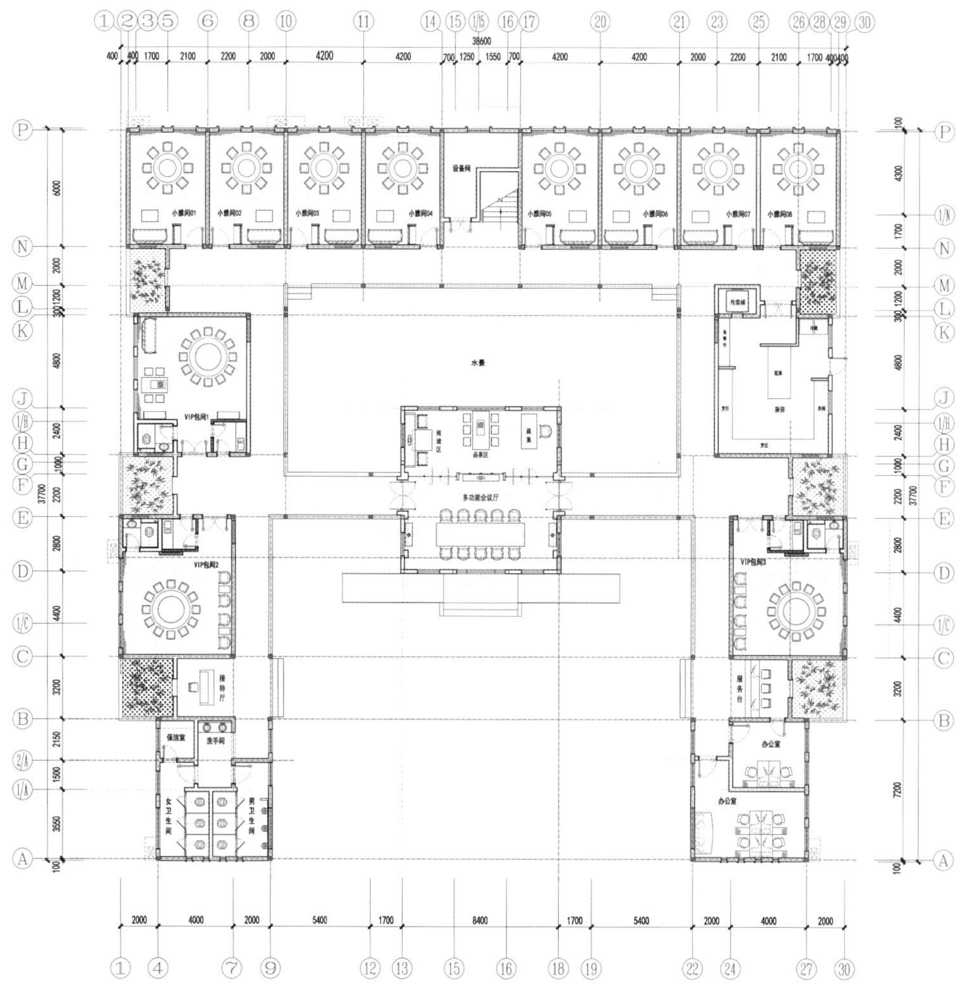

平面布置图

益健苑度假酒店餐厅
GOOD HEALTH RESORT HOTEL RESTAURANT

项目名称 _ *益健苑度假酒店* / **主案设计** _ *刘非* / **参与设计** _ *张玉琴、张玲玲* / **项目地点** _ *河南省洛阳市* / **项目面积** _ *6000 平方米* / **投资金额** _ *1500 万元* / **主要材料** _ *石磙、石磨盘、砖、瓦、茅草、石头、老房梁、石雕、夯土等*

A 项目定位 Design Proposition

客观来讲，我们这个项目目前还放不到一个更大平台上去比较，就像前面所讲，我们必须结合项目所在地的区域位置，经济状况，包括投资预算综合考虑，而不是给甲方一个曲高和寡的项目，满足一个设计师的虚荣心。

B 环境风格 Creativity & Aesthetics

对这个项目我们意识也并不是很强烈，只是觉得是个农家乐而已，在设计师的思维里面，既然承接，就想着肯定要做出点特色出来，我们就邀请甲方老总一起，到北京、杭州考察了一些民俗的项目，回来之后，我们在做总规划时间，把项目定位在略高于农家乐的庄园酒店标准，毕竟在项目所在地的城市，直接做民俗时间可能还不是太成熟。所以我们考察过之后，必须依据当地实际情况有个合理的设计定位。

C 空间布局 Space Planning

在遇到益健苑之前，我们已经收集了很多拆除的民居部件，只是这个项目的需求量比较大，所以，我们花费了很长的时间在项目周边收集各种老房梁、木雕、老砖、老瓦、石刻、磨盘等。对我而言，我觉得这些部件都是有生命的，不忍心看着他们消失，有责任及义务赋予他们新的生命。而餐厅的大红花布，我只能说，时尚是有轮回的，这次我们把握住了，当我们桌布铺上有半个月，网络上就有戛纳事件的报道，也只能说是巧合了。

D 设计选材 Materials & Cost Effectiveness

就项目而言，最主要的还是对于老手艺人的寻找，不管是我们项目中想要的茅草屋顶，还是砖瓦结构的做法，对于我本人来讲，也是一个很大的提升。另外，就是在项目素材的收集整理过程中遇到的一些坎坷，民俗的物品（如磨盘，石磙）在田间地头荒弃一片，到处都是，可是并不能盲目的去收取。

E 使用效果 Fidelity to Client

酒店今年六月开业，开业前期入住率还是比较高的，运营半个月之后，入住率有所下降，但逐渐趋于平稳。在七月初时间，我们协助甲方和策划公司共同制定营销计划，在服务及菜品质量方面和园区整个的文化建设方面下了很大的功夫，相信在不久将来，在项目当地，益健苑必然会作为一个地标品牌出现。

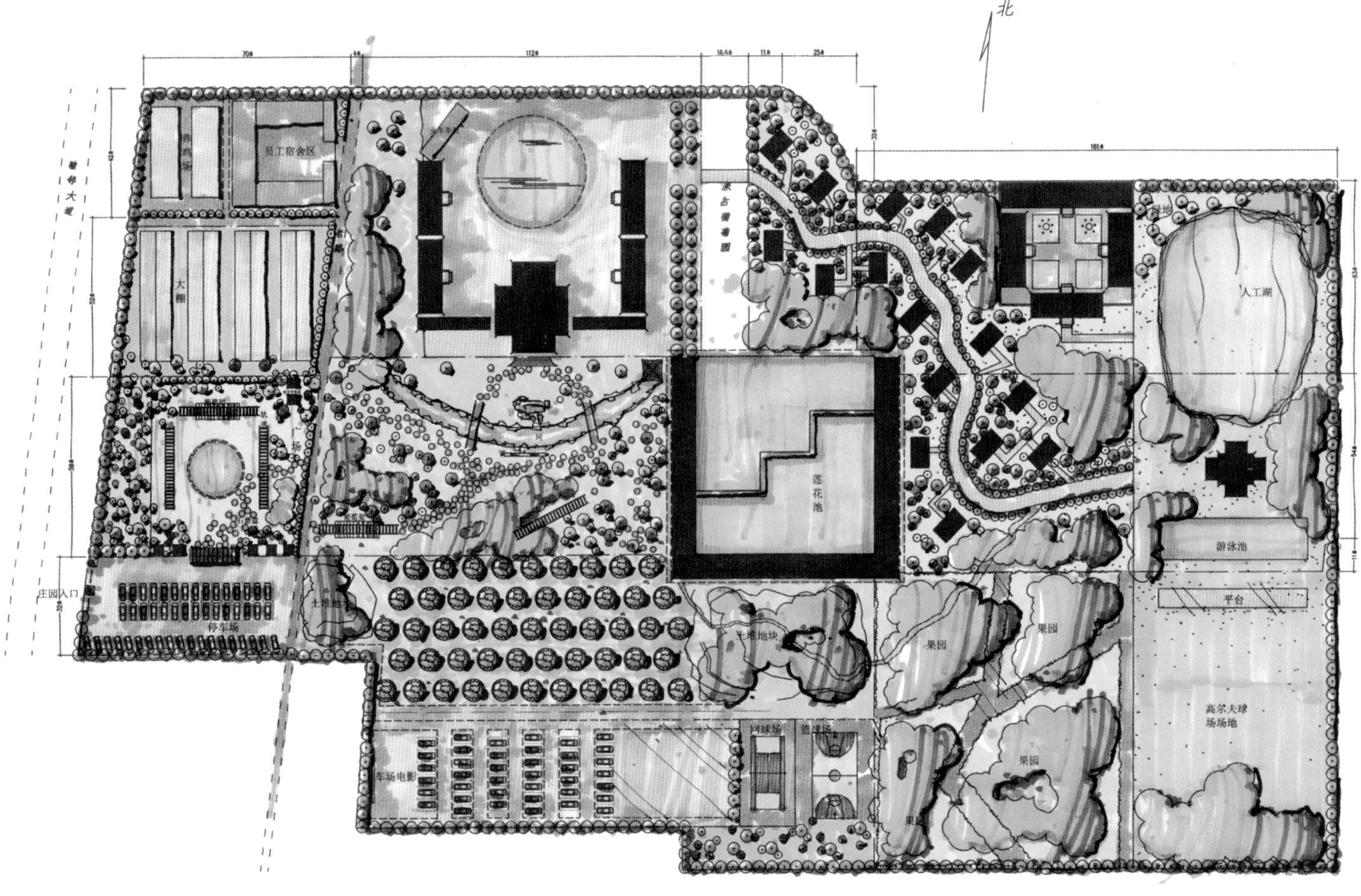
北
养殖场
员工宿舍区
大棚
停车场
庄园入口
莲花池
人工湖
游泳池
平台
果园
果园
果园
高尔夫球场场地
网球场
篮球场
车场电影

平面布置图

HELLO

益健

THOSE YEARS

THOSE YEARS

项目名称 _THOSE YEARS / 主案设计 _ 王晚成 / 参与设计 _ 李敏奇、刘伟 / 项目地点 _ 江西省南昌市 / 项目面积 _2250 平方米 / 投资金额 _300 万元

A 项目定位 Design Proposition

民以食为天，餐馆文化历史悠久，本案以陶渊明先生《桃花源记》所述的场景为蓝本，“初极狭，才通人。复行数十步，豁然开朗”。

B 环境风格 Creativity & Aesthetics

透过幽静小道墙面的瓦片窗，马头墙让人穿越到安徽的古老小镇，小桥流水让我们沉浸在归真的自然之中。穿过古朴毫不浮夸的石桥，点菜厅里两列整齐排列的系马栓端庄霸气震慑人心。餐厅区的花格门、古砖青瓦带领我们体验古时盛宴的优雅。墙上古人的诗句让人身临其境感慨万千，餐饮区虽充满沧桑，但特设的极具趣味性的鹿头龙袍以及仿生壁挂又让 THOSE YEARS 不失现代的俏皮活泼。

C 空间布局 Space Planning

餐厅和厨房都是重要的空间，它们之间的联系和沟通是可以把我们的服务做好的一个重要因素，本案对空间的规划和交通流线的规划也是思索万千，把一个空间的功能和造型联系起来互相呼应，也是一个亮点。

D 设计选材 Materials & Cost Effectiveness

材料工艺方面也是很重要的，它直接影响到甲方的施工造价，这将会落到消费者手中，所以我们不停地琢磨、研究，用最经济的材料和灵活的工艺，创造出大气的空间，设计就是为了方便、大方，于人方便就是给自己方便。

E 使用效果 Fidelity to Client

人来人往，络绎不绝，反应良好，在他们心里会觉得到这里来玩会得到很多实惠。

朝見樹
暮見枝
道是天
雨洗風

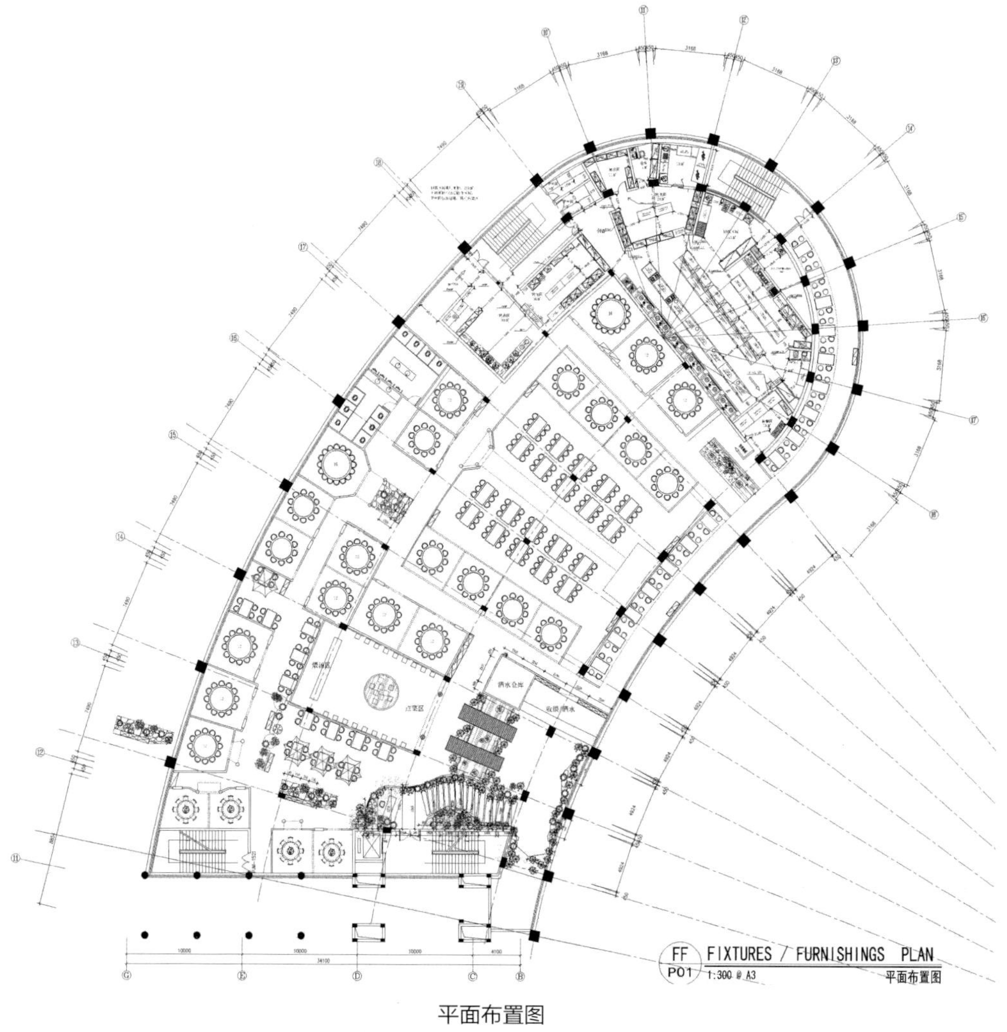

平面布置图

荷葉疊

庐鱼风尚主题餐厅
LUYU FASHION THEME RESTAURANT

项目名称 _ 庐鱼风尚主题餐厅 / **主案设计** _ 赵越 / **项目地点** _ 陕西省西安市 / **项目面积** _ 370 平方米 / **投资金额** _ 120 万元

A 项目定位 Design Proposition

平和的工业风，融合当下时尚消费群体需求的艺术餐厅。

B 环境风格 Creativity & Aesthetics

融合的当下时尚所理解的工业风，并不露痕迹的表达。

C 空间布局 Space Planning

9 米高的展示架，纵向连接了首层和二层空间的关系，与邻近步行街道的大面积玻璃幕墙，共同营造了一个独特的视觉空间。

D 设计选材 Materials & Cost Effectiveness

裸露原始材质的纹理和质感，所选材料及工艺都没有突出油漆本身的颜色。

E 使用效果 Fidelity to Client

位于西安时尚中心的独特地理位置，开业后马上成为该街区最具特色的潮流据异地之一。

ALWAYS

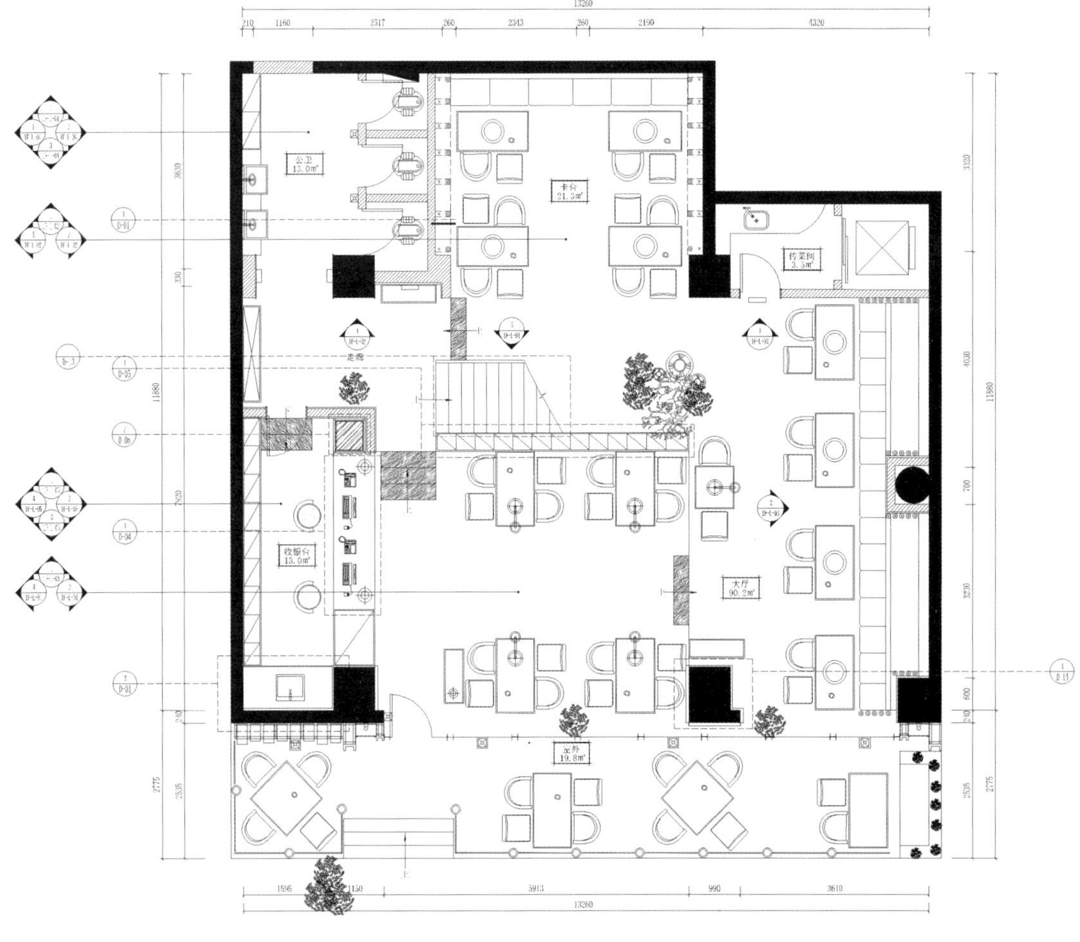

一层平面图

ALWAYS GOT
MUSIC

JARDINS
PONT
GARE
St GERMAIN
ABBESSES

BEAUTIFUL YOUTH

USINE
USINE
USINE

love
YOU
LOVE

USINE
USINE
USINE

石锅焖
石锅焖
石锅焖

一茶一坐工业风·哈雷主题店
HARLEY DAVIDSON

项目名称 _ 一茶一坐工业风·哈雷主题店 / **主案设计** _ 侯胤杰 / **参与设计** _ 沈厉 / **项目地点** _ 江苏省苏州市 / **项目面积** _430 平方米 / **投资金额** _129 万元 / **主要材料** _ 文化砖、真石漆、水泥、镀锌水管、钢板等

A 项目定位 Design Proposition
大众消费越来越细分市场的时候，“圈”内消费逐渐成为的新的消费模式。哈雷，作为新的时尚娱乐活动，自由的生活方式，吸引着更多的精英人群。该餐厅是作为整个巡游城市中的苏州站设立的。是以哈雷为主题的餐厅。

B 环境风格 Creativity & Aesthetics
美式工业风格中加入了户外元素，将水泥管、建筑外墙这些在户外的概念引入环境，符合哈雷自由旅行的精神。

C 空间布局 Space Planning
空间布局将水管卡座作为店铺的核心设计，中间部分为户外概念区，边上的餐位空间更像是哈雷机车的维修厂。

D 设计选材 Materials & Cost Effectiveness
设计的软装材料花费了很多心思，将一辆哈雷机车拆开，将最有工业设计感的部分展示出来，中间的 15 米长的吊灯装置则是用镀锌水管 3D 立体组合起来的。

E 使用效果 Fidelity to Client
投入营运后，该店是江苏地区哈雷迷的必到站点，该设计为餐厅聚集特定了消费群体，成为真正的“圈”内餐厅。

消火栓
灭火器箱
HARLEY DAVIDSON

HARLEY DAVIDSON

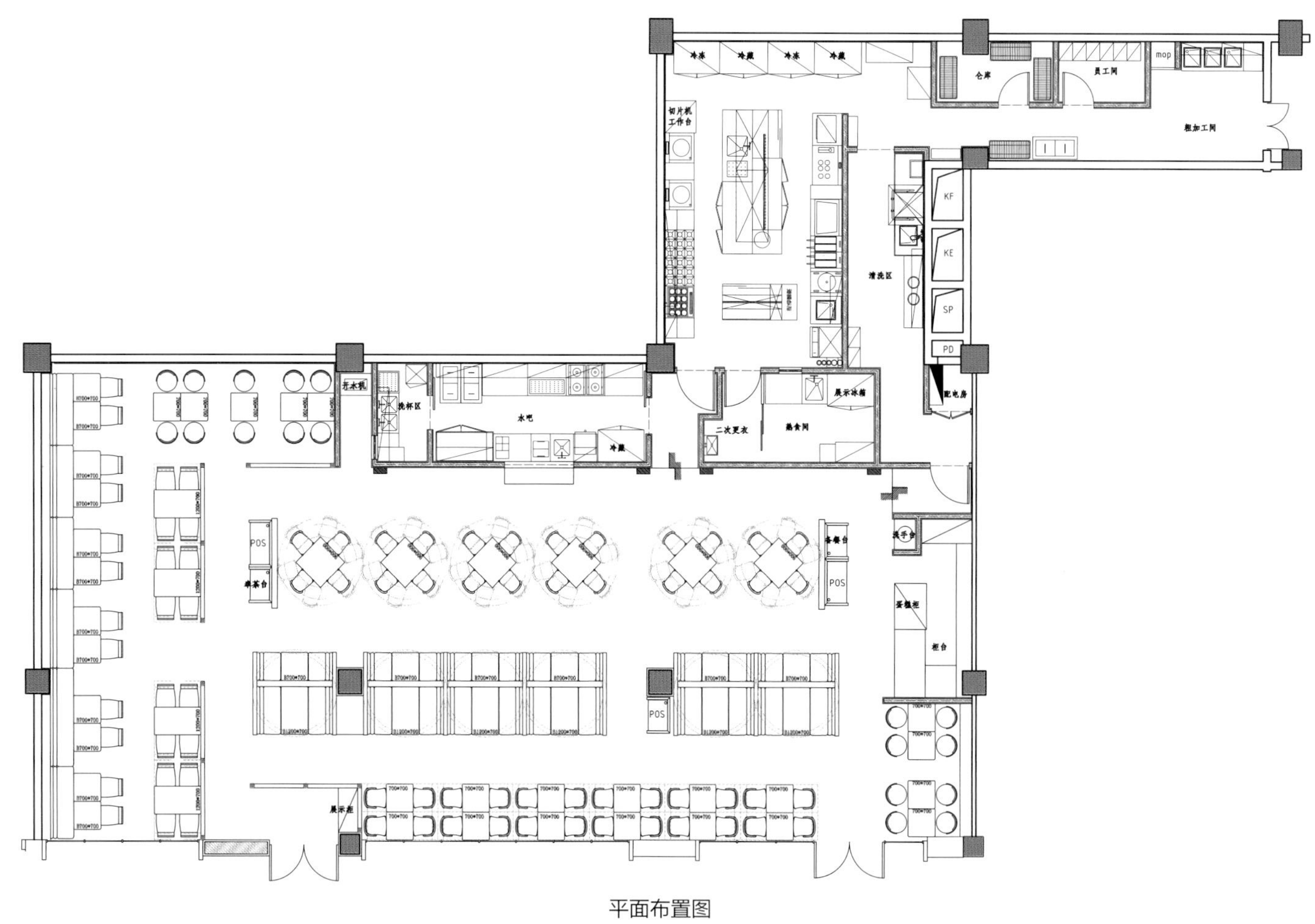
冷冻
冷藏
仓库
员工间
粗加工间
切片机
工作台
清洗区
KF
KE
SP
PD
配电房
展示冰箱
二次更衣
熟食间
洗杯区
水吧
POS
备餐台
洗手台
蛋糕柜
柜台
展示柜

平面布置图

我爱你
I love you

HARLEY

HARLEY

七巧巧克力
SEVEN CIAO

项目名称 _ *七巧巧克力* / **主案设计** _ *王平仲* / **参与设计** _ *郭新辉* / **项目地点** _ *上海市浦东新区* / **项目面积** _ *109 平方米* / **投资金额** _ *50 万元* / **主要材料** _ *玻璃、天然石材、榆木等*

A 项目定位 Design Proposition

七巧巧克力位于上海市浦东新区浪漫的锦延路锦绣坊，北面隔着张家浜河畔遥望上海科技馆，南临步调悠闲的锦延路。如何将本案的设计对象七巧巧克力的独特性质完全融入这得天独厚的优雅环境，并让手工制作巧克力的概念得以突显成为此次设计的重点。

B 环境风格 Creativity & Aesthetics

七巧巧克力是中国首家纯手工现场制作的巧克力店，这是由五位台湾太太因为热爱巧克力到希望将纯天然健康美食和大家分享的故事。整个设计的概念由手工巧克力推崇的天然、健康、质朴的元素，加上中国传统玩具七巧板中所提炼出的方形、三角形、梯形等几何元素所组合而成。

C 空间布局 Space Planning

设计从建筑外立面开始着手，首先拆除了建筑南向封闭的部分墙面，在西向入口立面和南向立面改用大面积透明玻璃落地窗将自然光引进室内，让身处室内的顾客与漫步于街道上的行人在空间上产生互动。招牌使用长方形、厚实的榆木实木阴刻 LOGO 的方式将西向大片落地玻璃门窗串连起来；LOGO 的字体内嵌 LED 光源，以漫射的方式将字体显现出来；夜幕降临，由玻璃、铜板、实木所构成的方形建筑在室内外不同的灯光照耀下，犹如包装精美的巧克力盒。

D 设计选材 Materials & Cost Effectiveness

本案在建材的使用上，除了玻璃作为连贯空间的主要材料之外，其余建材皆使用天然材料以呼应天然食材的基本概念；室内入口至用餐区地坪使用以几何形状分割的天然石材与拼接的榆木实木地板，东面座位区以天然榆木木饰面从墙面延伸至天花，希望原木色的榆木效果能还原最单纯的空间本质；座位区和厨房之间的隔断以木作展示柜的形式呈现，展示柜内嵌透明玻璃让厨房有如表演橱窗，顾客在品尝巧克力美味的同时也能在现场观赏手工巧克力精致的制作过程；不同的巧克力制作原料以装置艺术的形式陈列于展示柜中，希望能让每一位巧克力爱好者犹如置身于巧克力工厂之中。

E 使用效果 Fidelity to Client

七巧巧克力的空间本身不仅承载着台湾妈妈们的美好梦想，还有他们彼此分享美好事物的喜悦，同时也建构了一个巧克力爱好者们的专属乐园。

seven ci
七巧手工巧克力

seven ciao
handmade chocolate

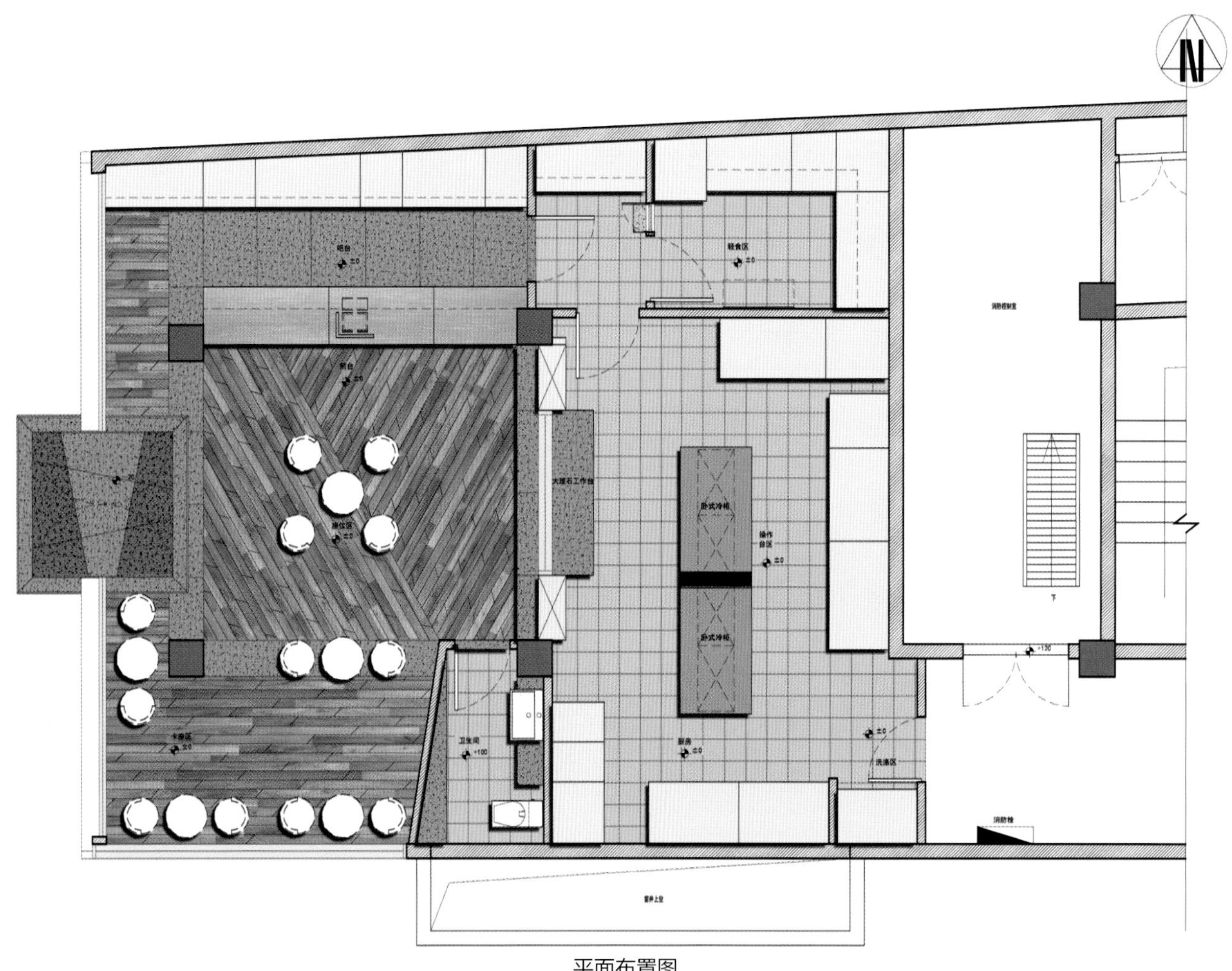
轻食区
座位区
大理石工作台
卧式冷柜
卧式冷柜
操作台区
卡座区
卫生间
厨房
洗涤区

平面布置图

巧克力套餐只要¥68
松露套餐：任选松露2颗
杜诺干红葡萄酒1杯
生巧套餐：一次品尝5种生巧
杜诺干红葡萄酒1杯
藏心套餐：任选2颗藏心巧克力
搭配30元饮品1杯

EXIT
eleven

壹粟·素餐厅
MILLET RESTAURANT

项目名称 _ 壹粟·素餐厅 / **主案设计** _ 廖志强 / **参与设计** _ 王孝宇、张静、陈全文 / **项目地点** _ 四川省成都市 / **项目面积** _400 平方米 / **投资金额** _70 万元 / **主要材料** _ 玻璃、木材等

A 项目定位 Design Proposition
素食，并非完全等于斋菜，设计师认为素食文化的本质是对生命的尊重。因此，在本次素餐厅的设计中，放弃了传统素餐体现的“禅意”、“内敛”等概念；“新派素食”应有“安静”、“精致”、“纯粹”的用餐环境；从而达到“品质感”的体验。

B 环境风格 Creativity & Aesthetics
桌椅设计中则大量使用素雅的原木色，自然中性色的运用可以影响客人的情绪和感知，从视觉上让客人得到情绪缓和，将身心放松，粗糙肌理的餐垫，精致的玻璃器皿，自然的花卉的搭配，使用餐环境更加精致和考究。

C 空间布局 Space Planning
餐厅内以干净、纯粹的灰白色块为基调，配合纤细的黑色线条造型，使整个空间显得纯粹、高挑，材料纹样的选择也遵从符合人视觉的从大到小原则，多处动物主题绘画及雕塑的出现，形成不同区域的焦点，设计师希望动物的出现，能达到一定的视觉冲击和记忆力，同时也能带给客人尊重生命的联想，用视觉冲击的方式使空间更丰富更有趣，从顶部的不锈钢线条装置则对过高的顶部灰空间做了合适的填补。

D 设计选材 Materials & Cost Effectiveness
在总体上，以垂直势态的纤细线条作为设计的基本框架，外观整面的落地玻璃能清楚的穿透到店内，大门则采用钢化玻璃与木材的纵向块面分割，每个尺度的层次递进关系清楚明了，设计感十足，局部采用合适体量的造型植物作为遮挡，现代语言与自然元素的冲突和碰撞，带来的强烈视觉感应，将来往人群的注意吸引至此。

E 使用效果 Fidelity to Client
选择素食即是选择一种有益于自身健康、合乎自然规律的饮食习惯，亦是一种尊重其他生命、爱护环境的生活态度。

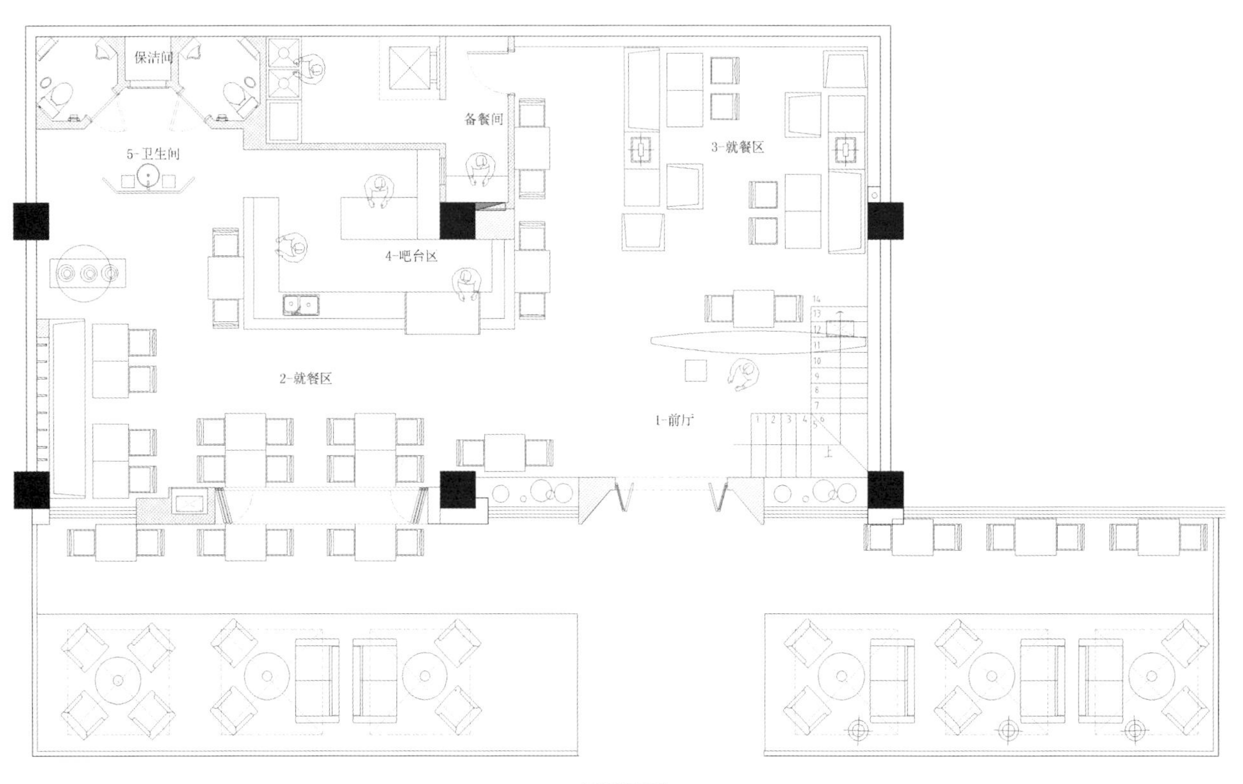

一层平面图

本素餐厅
TASTE OF HOME

项目名称 _ 本素餐厅 / **主案设计** _ 官艺 / **项目地点** _ 上海市嘉定区 / **项目面积** _900 平方米 / **投资金额** _400 万元 / **主要材料** _ 老坛、织布梭等

A 项目定位 Design Proposition

当下中国的商业综合体内，很多标榜时尚的、年轻化的餐厅设计都奔着"热闹"去了，材质、灯光、陈设甚至音乐都很"热闹"。哪儿来那么多元素，造型？在本素餐厅，水泥、原木、铁件、绿植，它们本来的样子。其实，我只是想安静的吃顿饭。

B 环境风格 Creativity & Aesthetics

让空间回归净与静，时间本来就是设计的一部分。质朴的材料，也许在更经久沧桑的同时，也反衬着记忆和情感的浓烈。

C 空间布局 Space Planning

过于饱满的画面，会让食客没有了欣赏和想象的空间，应该适当留白，这也契合了老庄的"有无相生"思想。

D 设计选材 Materials & Cost Effectiveness

我们爱的是素材本身的美感，经过时间淬炼的斑驳，而不是风格潮流。让材料和元素自己发声，老坛和织布梭的再利用，保留了时光印记里原有的斑驳，同时又赋予它时尚与现代的气息。

E 使用效果 Fidelity to Client

本者，根也；素者，真也；故而，本素者。——味本清源·素璞归真。空间营造与本素品牌文化，味本清源，璞素归真相得益彰，呈现一种低调内敛的空间性格。

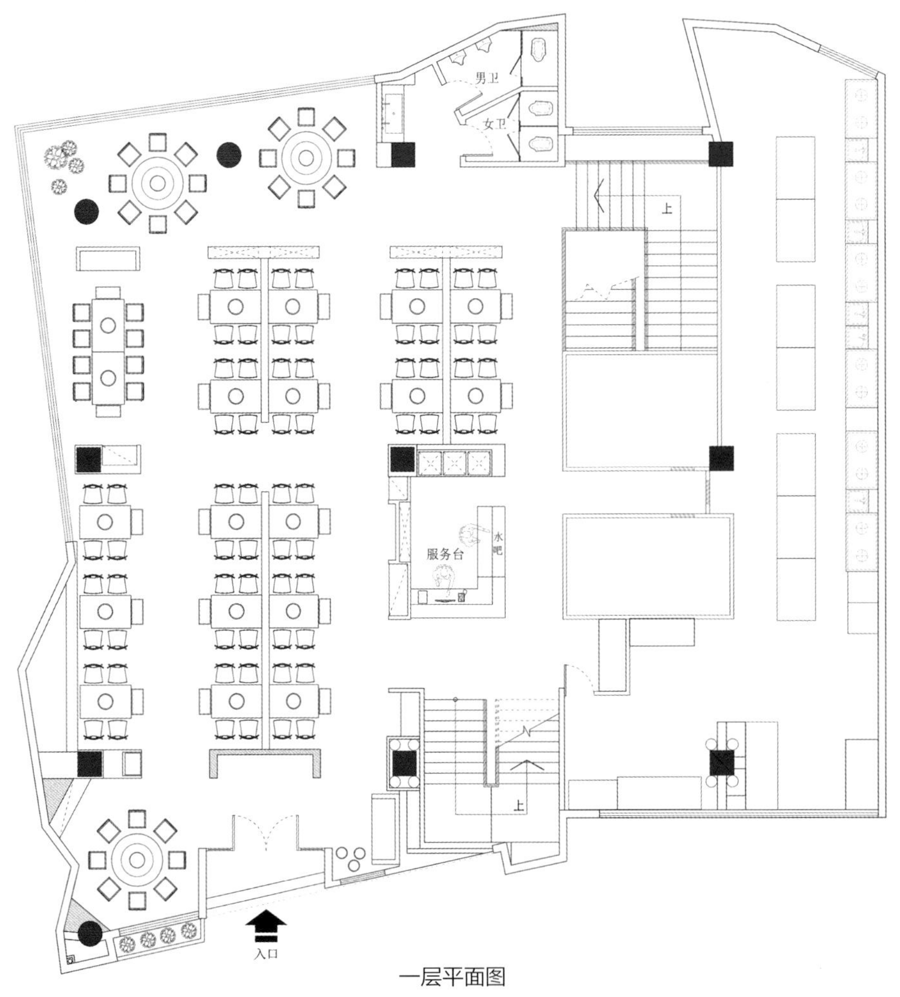

一层平面图

多伦多海鲜自助餐厅万象城店

TORONTO SEAFOOD BUFFET RESTAURANT (WANXIANGCHENG)

项目名称_*多伦多海鲜自助餐厅万象城店* / **主案设计**_*孙黎明* / **参与设计**_*耿顺峰、周怡冰* / **项目地点**_*江苏省无锡市* / **项目面积**_*200平方米* / **投资金额**_*600万元* / **主要材料**_*金属、布艺、大理石、花砖、喷塑瓦楞玻璃、木地板砖、铁板等*

A **项目定位** Design Proposition

在同类海鲜自助就餐产品价格优势的情况下，塑造高品质的就餐空间氛围，吸引接纳更多的白领及中产阶层。

B **环境风格** Creativity & Aesthetics

在购物中心餐饮环境内，营造轻奢风格的就餐体验。

C **空间布局** Space Planning

岛台区域同座位区的有机结合和呼应衔接，通过金属挂链的穿插串联，使空间脉络连成一个灵动的流水动线。

D **设计选材** Materials & Cost Effectiveness

金属挂帘的空间运用，布艺拼接打印同金属材质的有机结合。

E **使用效果** Fidelity to Client

人气火爆，高品质的空间氛围和多元化的海鲜及自助美食口碑，带动了整个购物中心的人气。

Häagen-Daz

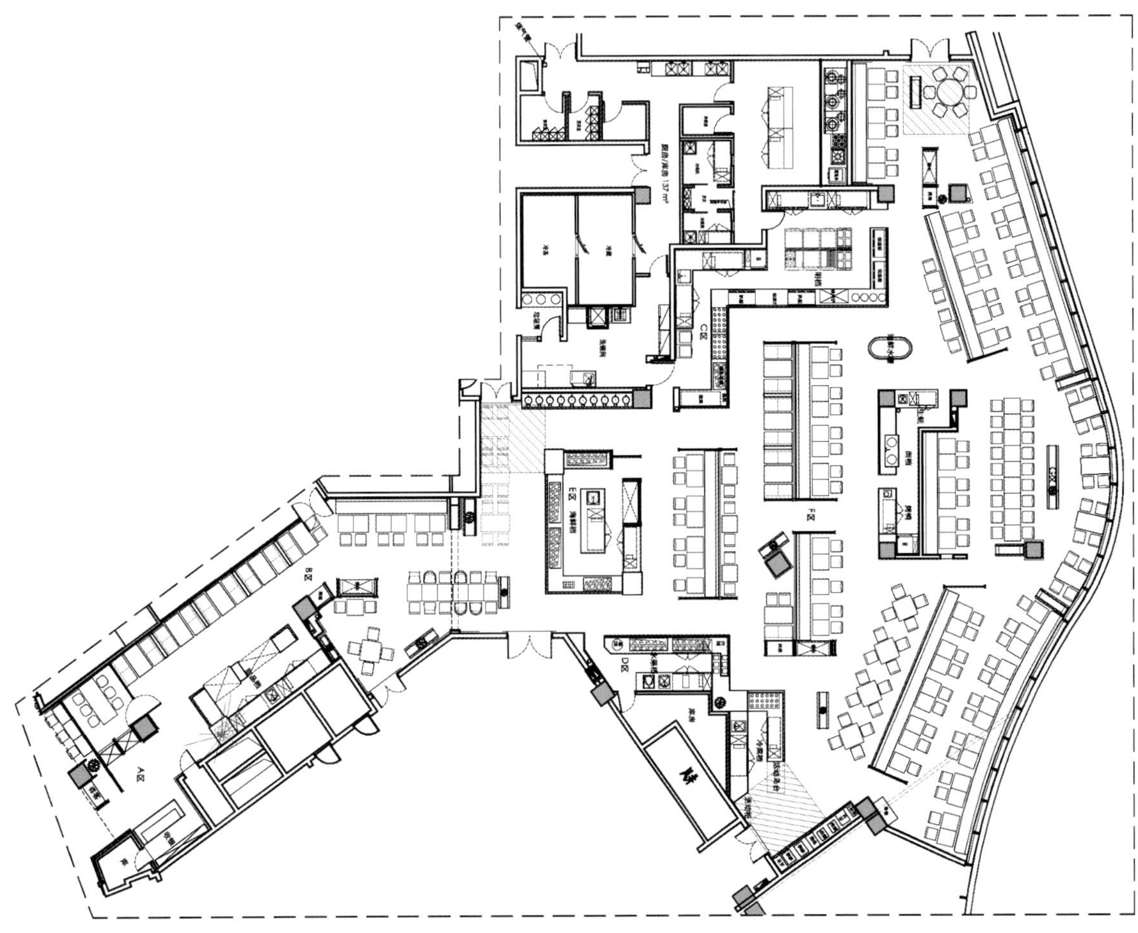

总平面图

山城一锅

SHANCHENG YIGUO HOT POT SHOP

项目名称 _ 山城一锅 / **主案设计** _ 范日桥 / **参与设计** _ 张哲 / **项目地点** _ 上海市杨浦区 / **项目面积** _400 平方米 / **投资金额** _180 万元 / **主要材料** _ 钢架、原木板、钢板、素水泥、水磨石、花砖等

A 项目定位 Design Proposition

脱离了标准火锅店的概念化模式，实现了设计感、场景感、文化、品质感的融合。

B 环境风格 Creativity & Aesthetics

色彩使用、食材场景、“锅”意向及架构，组合出热闹祥和喜气的内心环境代入感。

C 空间布局 Space Planning

因势而就，通过疏密、曲转的恰当表现，在创造生动场景趣味基础上，令空间利用率得到最大化实现。

D 设计选材 Materials & Cost Effectiveness

钢架的大量采用，呈现出工业风的粗狂野性，与业态的“重”属性获得视觉与心理的逻辑吻合。

E 使用效果 Fidelity to Client

“火锅店也这么动心思！”消费者的评语中，五角场一代的时尚一族络绎不绝，呈传染式激增。

POT

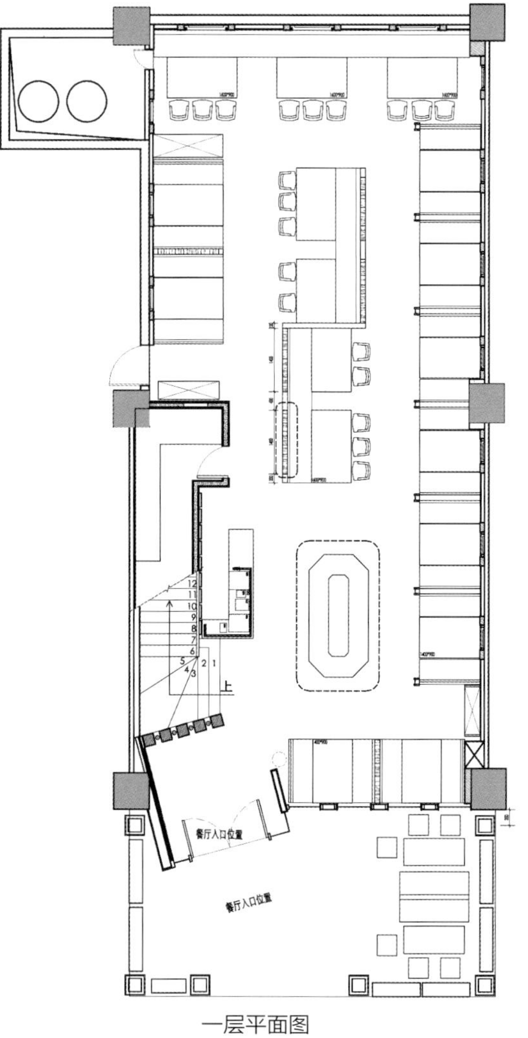

一层平面图

安全出口
EXIT
THE BEST HOT POT
山城一鍋
山城一鍋
麻辣小面
百味
GIVE ME FIVE
重慶味道
麻辣
麻辣鮮香
東南西北火鍋鍋火
春夏秋冬紅火火紅
国炉聚饮欢呼处
百味消融小釜中
香氣冲天鲁滿九州
一鍋老湯傳承百年
收银台

麻辣鲜香
火火火

Exhibition

展示空间

陈皮文化体验馆
DRIED TANGERINE OR ORANGE PEEL CULTURAL EXPERIENCE

ON OFF Plus
ON OFF PLUS

时间与空间的对话
TIME AND SPACE OF THE CONVERSATION

灵感厨房
INSPIRED BY THE KITCHEN

赛德斯邦总部旗舰店
CERLORDS FLAGSHIP STORE

简·谧 锐驰总部
SIMPLICITY SERENITY CAMERICH HEADQUARTERS OF SHANGHAI

淄博齐长城美术馆
ZIBO THE GREAT WALL MUSEUM OF FINE ART

陈皮文化体验馆
DRIED TANGERINE OR ORANGE PEEL CULTURAL EXPERIENCE

项目名称 _ *陈皮文化体验馆* / **主案设计** _ *吴宗建* / **项目地点** _ *广东省江门市* / **项目面积** _ *1300 平方米* / **投资金额** _ *560 万元* / **主要材料** _ *竹材等*

A 项目定位 Design Proposition
突破了博物馆传统的、单一的视觉展示模式，陈皮文化体验馆采用视觉、嗅觉、味觉、触觉、听觉多感官带观众进入陈皮文化之旅。陈皮飘香体验中心运用精致的场景、详尽的资料、艺术的构思、高科技的手段，生动形象地展现新会城市文化、陈皮历史文化及功效价值、新会陈皮村营运模式和新会陈皮现代化产业链，建成集宣传、教育、接待、观光、交流等功能于一体，科技含量较高的、现代化的体验中心，使之成为新会陈皮文化节的重要组成部分。

B 环境风格 Creativity & Aesthetics
新会陈皮村作为新会陈皮节的永久主会馆，具有相当的知名度，同时有悠久的历史沉淀，具有被广泛认可的价值优势。项目位于新会陈皮村内，馆内外环境极具充满五邑特色和文化气息。陈皮村内集餐饮、旅游、交易与一体，为体验中心提供了无可比拟的配套设施。

C 空间布局 Space Planning
陈皮文化体验馆采用触觉、听觉、视觉、味觉、嗅觉多感官带观众进入陈皮文化之旅。

D 设计选材 Materials & Cost Effectiveness
建筑材料为环保材料——竹材，聘请当地竹匠进行手工建造，一次成型，形成的建筑垃圾极少且无污染；竹材源自当地，运输的能耗与成本低；项目聘用 140 名竹匠参与建造，为当地社区创造了就业，也为传统手工技艺的传承提供了机会。

E 使用效果 Fidelity to Client
陈皮文化体验馆全场商户达 200 多家，集批发零售功能于一体，汇聚新会陈皮、陈皮制品、名优特新农产品、茶及茶文化用品、南药、旅游纪念品、工艺品等产业的大型陈皮交易市场。

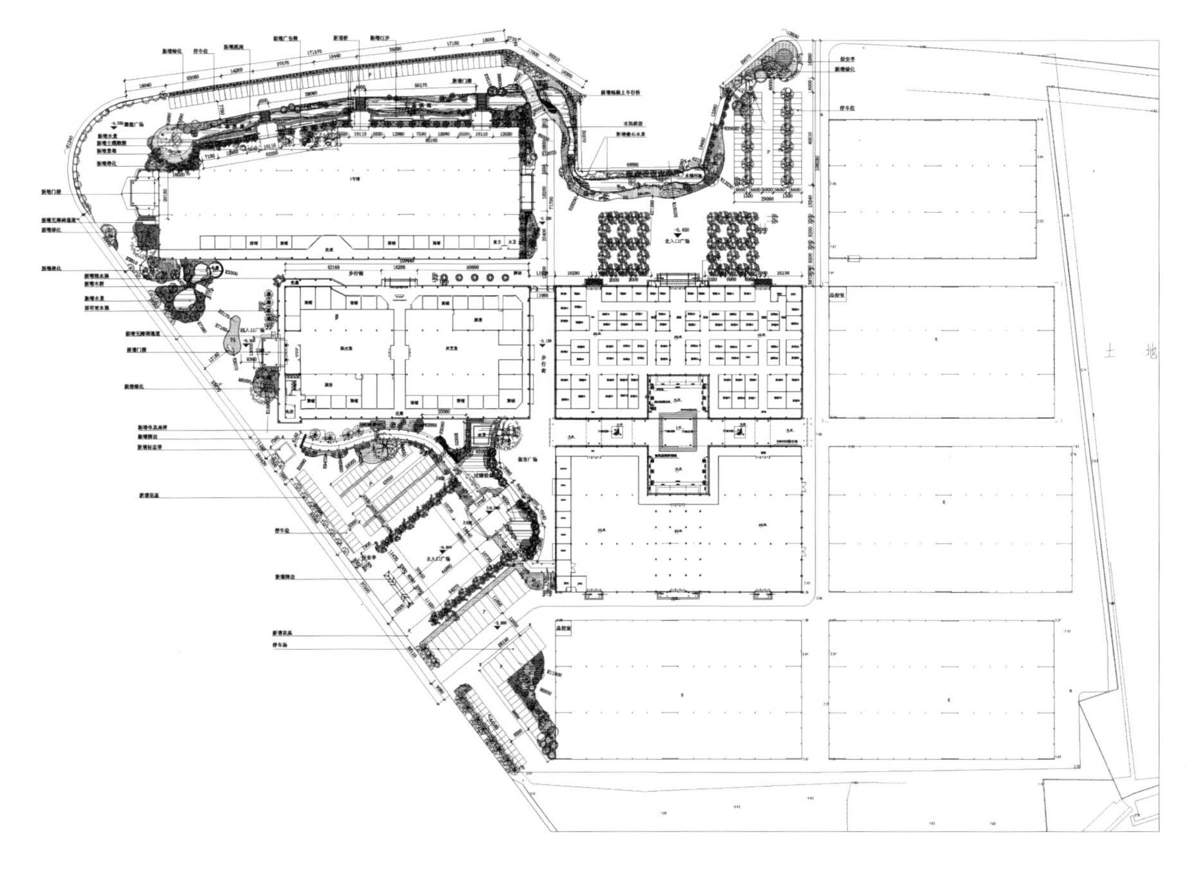

总规划平面图

ON OFF Plus

ON OFF PLUS

项目名称 _ON OFF Plus / **主案设计** _ 谢英凯 / **项目地点** _ 广东省广州市 / **项目面积** _91 平方米 / **投资金额** _40 万元 / **主要材料** _ 软膜、玻璃等

A 项目定位 Design Proposition

本作品在广州国际设计周展出，对“公共性、开放性、趣味性”设计理念的思考延伸，围绕对人的内心、身体、精神、居住场所的设计、生存社会以及世界的关注，传达设计的责任感。 通过观察人们在生活不停的遭遇到事实与本质之间的辩证运动，我们借由设计透过事实，给予本质更多的想象暗示，通过对空间维度矛盾的建立，探讨现象透明性以及物理透明性。

B 环境风格 Creativity & Aesthetics

设计思考从“人是万物的尺度”而出发，探究因主体的不同而引起的判断标准的相对性，而现象的存在因主体的不同而产生意义各异的客体，所以，我们需要通过设计去伪存真。

C 空间布局 Space Planning

整体造型透过迭合的方式，构建变幻无穷的事实景观，激发更多想象力，令空间充满趣味。

D 设计选材 Materials & Cost Effectiveness

整个展馆采用白、灰、透明三色软膜围闭空间，实现展馆内外互动性。

E 使用效果 Fidelity to Client

作品展出后受到了观者的强烈欢迎，成为人流量最多的展馆之一。

，它 。
A 看見
see
B 不見
do not see
A 存在
exists
B 不在
does not exists
ONY Plus+
我總覺得這塊區
I do think this zone

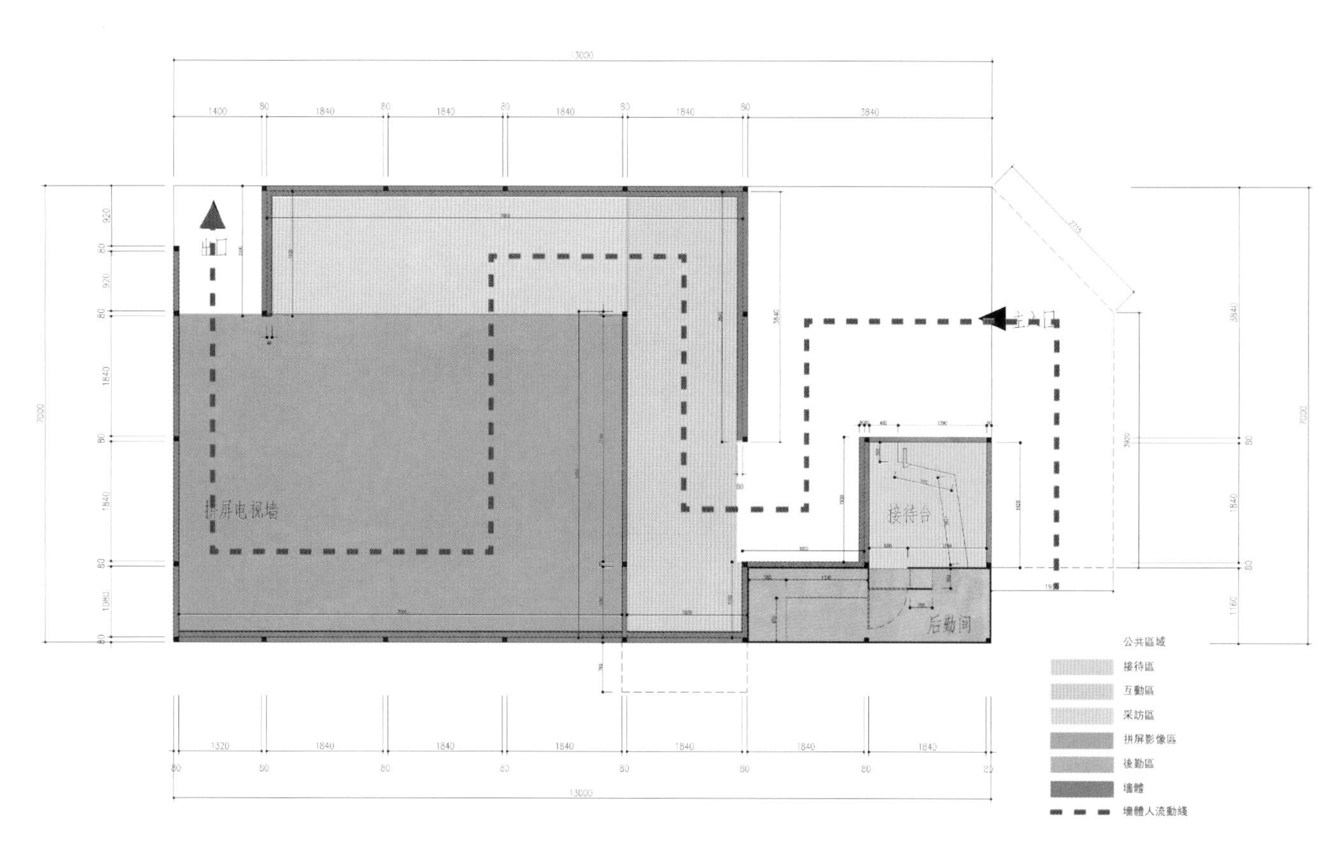

3000
1400
1840
1840
1840
1840
3840
拼屏电视墙
接待台
后勤间
1320
1840
1840
1840
1840
1840
1840
13000
公共區域
接待區
互動區
采訪區
拼屏影像區
後勤區
墻體
墻體人流動綫

平面图

由來本空
Anything is Nothing

时间与空间的对话
TIME AND SPACE OF THE CONVERSATION

项目名称 _ *时间与空间的对话* / **主案设计** _ *张灿* / **参与设计** _ *李文婷* / **项目地点** _ *四川省成都市* / **项目面积** _ *300 平方米* / **投资金额** _ *50 万元*

A 项目定位 Design Proposition

所有的商业诉求都集中于此，要最大的出货量，也要最有品味的店；要能让普通客人能喜欢接受很有吸引力，也要有品味和艺术性让设计师觉得有感觉；要很多不同类别的展示区，也要有大的空间搞活动；要有这个地板品牌的文化气质与诉求，也要有不同于其他同类商业高于地板本有品质的体现。

B 环境风格 Creativity & Aesthetics

破坏的墙体，整合着空间，逆思维中的质量。在设计中它是展厅，又是破坏的设计。

C 空间布局 Space Planning

从一个方向盒子延伸到整个展厅空间，语言的对话和墙体的破坏，这是宏观到微观的设计。视觉的观点，心理的被解读，这些过程都希望被逆转。木质和墙面一起构成的边框，亦形成需与实。

D 设计选材 Materials & Cost Effectiveness

新旧材料的对比，没有名贵的材料，做出新颖的效果。

E 使用效果 Fidelity to Client

视觉冲击力很大，让一个材料卖场成为一个产品的展示空间，让客户会驻足观赏，同时也让材料商能在这样的空间中进行设计师或客户活动的场所。

威尔仕利地板
阿卡县拉地板

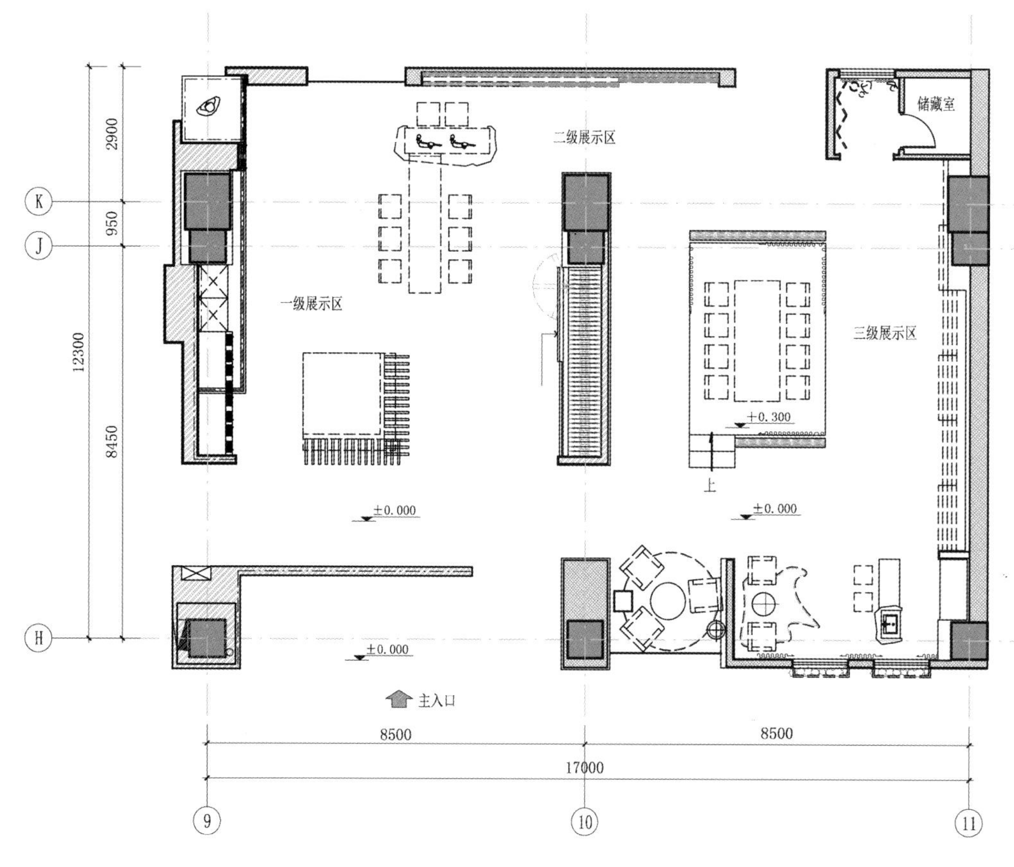
储藏室
二级展示区
一级展示区
三级展示区
±0.300
上
±0.000
±0.000
±0.000
主入口
2900
950
12300
8450
K
J
H
8500
8500
17000
9
10
11

平面图

WELLESLEY
FLOORS

伊顿·威尔仕利地板
阿卡贝拉地板

2
M
5
4
3
2
1
B1

WELLESLEY
FLOORS
伊顿·威尔仕利

A cappella
阿卡贝拉

灵感厨房
INSPIRED BY THE KITCHEN

项目名称 _ *灵感厨房* / **主案设计** _ *李文婷* / **参与设计** _ *张灿* / **项目地点** _ *四川省成都市* / **项目面积** _ *300 平方米* / **投资金额** _ *120 万元* / **主要材料** _ *青砖等*

A 项目定位 Design Proposition

限定的空间，固定的功能，传统的品牌，如果只是作为一个商品展示，表达不到其内涵。

B 环境风格 Creativity & Aesthetics

用传统合院式建筑和城市肌理构成特定的逻辑和语言，品牌的精神展示在这个场所形成自我的性格。

C 空间布局 Space Planning

由小空间组合成大空间，人为意识的强行可以使空间可以运动，改变中由缺点转化为特定的优势。

D 设计选材 Materials & Cost Effectiveness

在动线上，参观者首先到达的前院（前厅），展示了企业的品牌文化及历史，使参观者对企业有了大体的了解，以“火”的演变带入品牌文化的精神中。廊道部分（介于前厅和后厅），在关闭办公室，研发室及通向后院的大门后就成为一个封闭的产品展示区，灵活的隔断形式将空间划分使用。后院（后厅）是学习体验空间，参观者不仅可以观看视频影像资料，还可以动手进行体验操作，使参观者对企业产品有更直观的认识。

E 使用效果 Fidelity to Client

面积不大，但投入很大，做出来的效果是除了展示产品之外，邀请客人来厨房体验，营造出了传统展示空间达不到的体验效果。

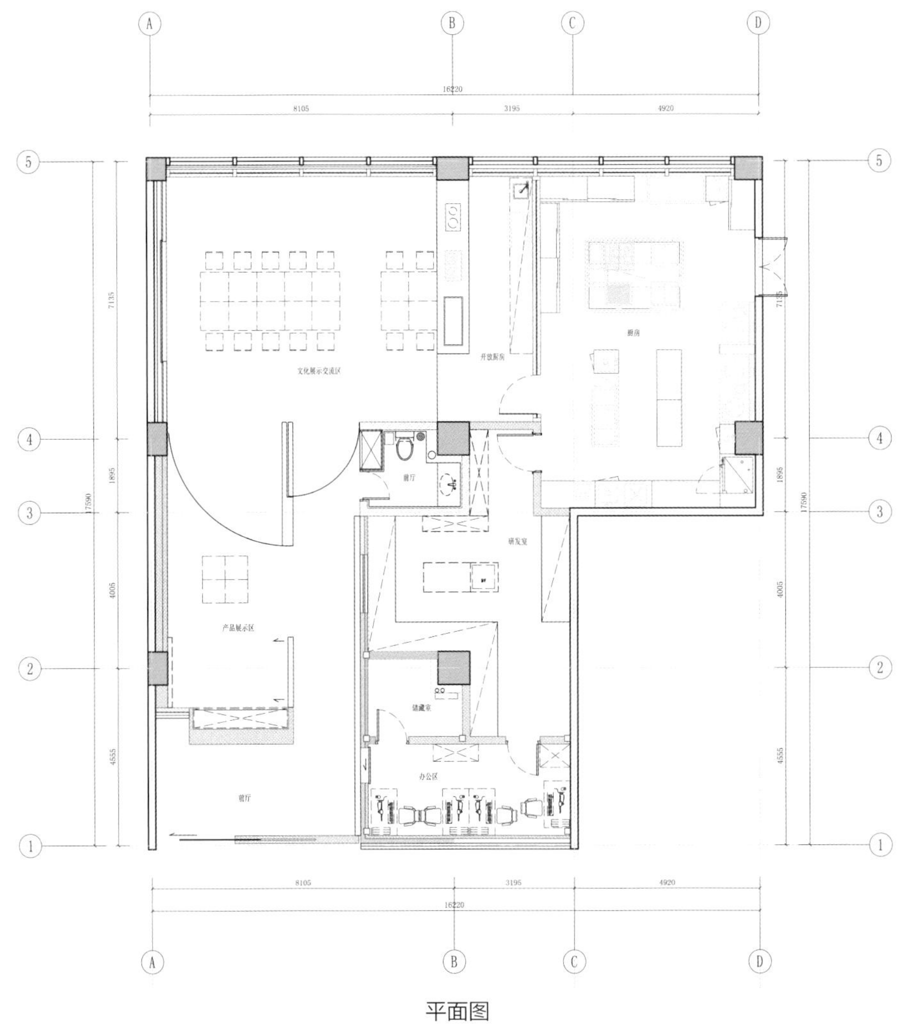

A
B
C
D
16220
8105
3195
4920
5
4
3
2
1
7135
1895
4005
4555
17590
文化展示交流区
开放厨房
厨房
前厅
研发室
产品展示区
储藏室
办公区
前厅

平面图

灵感
Inspiration
영감

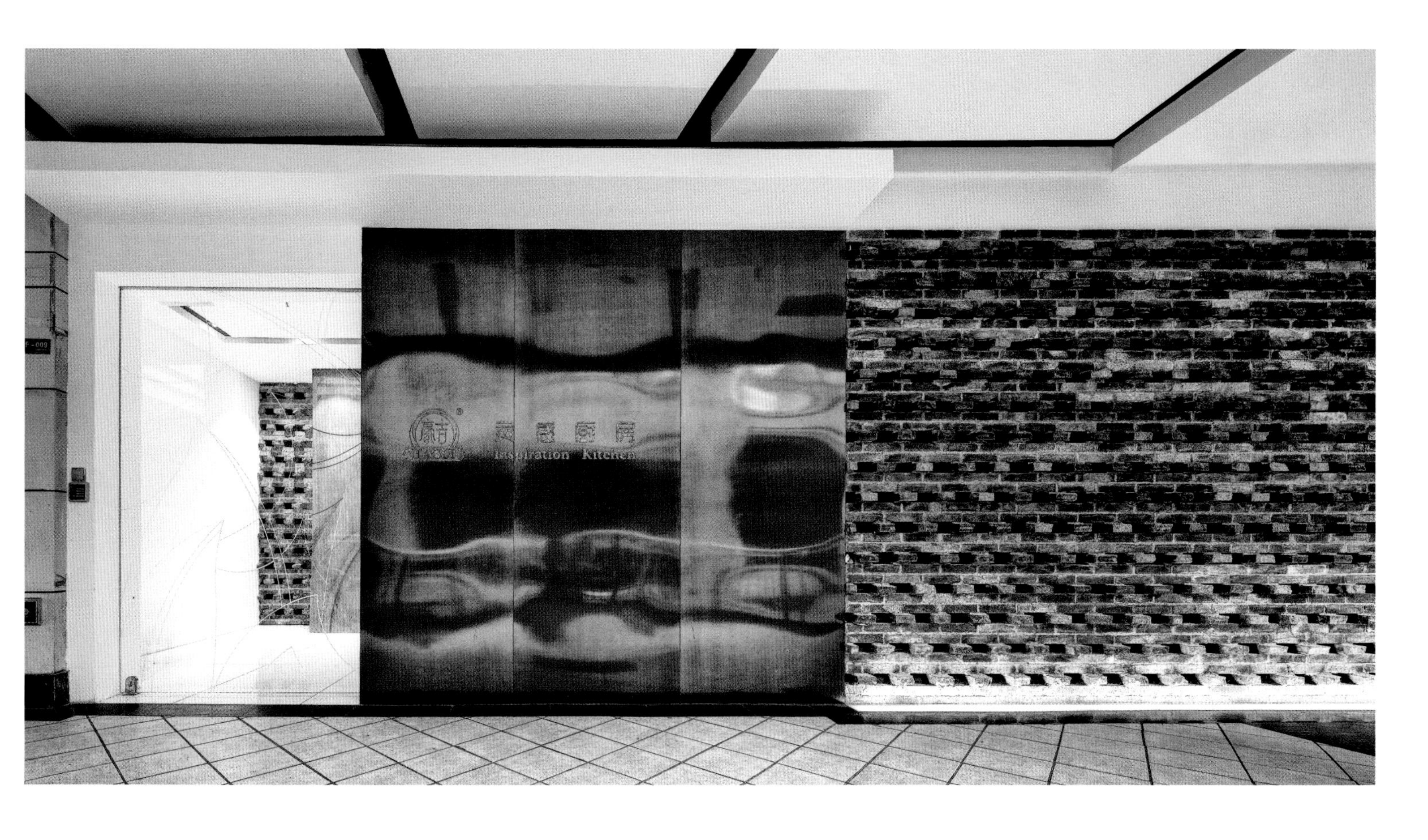

豪吉
Inspiration Kitchen

赛德斯邦总部旗舰店
CERLORDS FLAGSHIP STORE

项目名称 _赛德斯邦总部旗舰店 / **主案设计** _刘晓亮 / **参与设计** _马沙、金雪婧、文伦璋 / **项目地点** _广东省佛山市 / **项目面积** _2400平方米 / **投资金额** _350万元

A 项目定位 Design Proposition
让惯性思维停止！ 在此改变的不仅仅是平面或空间的格局和形态，而是打破一种惯性思维，把平常的事物进行一次异化，产生的距离感和陌生感，从而最终改变人与物的关系，重新认识和价值的重估。

B 环境风格 Creativity & Aesthetics
本案秉承时尚简约的设计风格，在运用块面设计手法的同时丰富了面与面的交错，增强了外观的立体感，及厚重感。

C 空间布局 Space Planning
一切从廊说起，横向：廊是开放开阔的空间，廊，移步异景，包括的是廊还有廊之外的风景；纵向：廊是曲径通幽，有着无限延伸的可能和神秘。

D 设计选材 Materials & Cost Effectiveness
选择绿色、低碳、环保的建筑材料，不追求奢华，强调对自然、生态的开发利用及艺术化。

E 使用效果 Fidelity to Client
给人一种耳目一新的感觉，产品在展示极大化地体现了“术业有‘砖’攻”的概念，给客户展现了一个愉悦的体验空间。

CCIH
Cerlords

Cerlords
储藏间
男
女
卫生间
产品区
洽谈间
D区产品展示概念造型
E区
半封闭洽谈区
休息区
水景
产品造型墙
水吧
C区
办公室
收银
产品墙
B区接待
洽谈
A大堂
概念造型吊挂
瓷砖造型树
入口

平面图

Cerlords

简·谧 锐驰总部

SIMPLICITY, SERENITY CAMERICH HEADQUARTERS OF SHANGHAI

项目名称_简·谧 锐驰总部 / **主案设计**_赖建安 / **参与设计**_高天金 / **项目地点**_上海市青浦区 / **项目面积**_545 平方米 / **投资金额**_95 万元

A 项目定位 Design Proposition

现代简洁的设计手法，迎合了现今消费者对产品专属性追求，而不是过度地渲染产品，从产品特性去挖掘品牌内涵，融入到空间氛围中。

B 环境风格 Creativity & Aesthetics

Loft 结合当代几何穿接艺术。

C 空间布局 Space Planning

空间划分的灵活性与适应性，结合展示机能，引导动线，横纵空间依序展开，近、中、远景相互演变，引各自光影，呈多元感受与交流。

D 设计选材 Materials & Cost Effectiveness

以新鲜、纯粹、简单、健康的白色为空间主色调，亦有不同的表情层次，增添了形式感上的新颖，光影的变化。

E 使用效果 Fidelity to Client

步入其中，让人深感品牌的魅力，体验精致生活的品质。

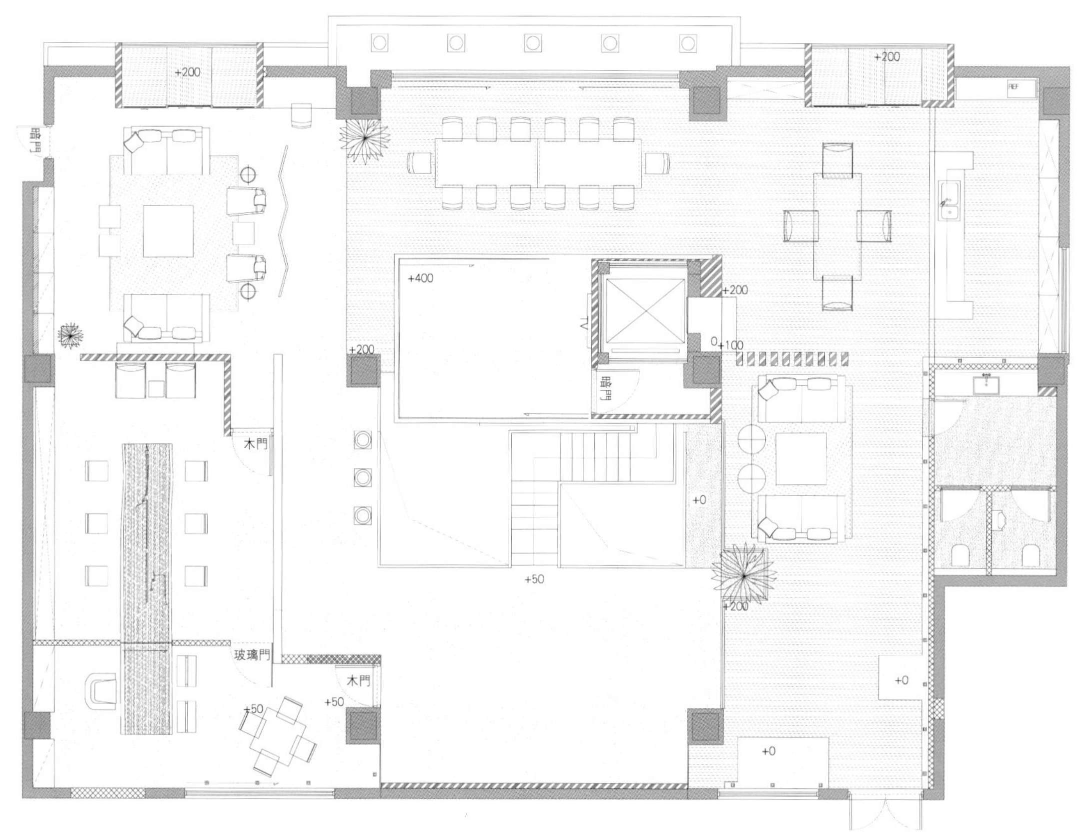

平面图

淄博齐长城美术馆

ZIBO THE GREAT WALL MUSEUM OF FINE ART

项目名称 _ *淄博齐长城美术馆* / **主案设计** _ *韩文强* / **参与设计** _ *丛晓、黄涛* / **项目地点** _ *山东省淄博市* / **项目面积** _*3800 平方米* / **投资金额** _*100 万元* / **主要材料** _ *镀膜玻璃、灰色花纹钢板、竹子等*

A 项目定位 Design Proposition

中国当前快速的城市扩张带来了诸多新的环境问题，因此对于被人遗忘的老旧建筑，也许除了拆除，还可以有更多的方式发掘和呈现其对城市的现实意义。

B 环境风格 Creativity & Aesthetics

厂房始建于 1943 年，前身是山东新华制药厂的机械车间，为当时国家的特大型项目。随着城市化的进程，制药厂整体搬迁至新区，机械设备被尽数拆走，只留下这些巨大空旷的车间。荒废多年之后，如今这些厂房的命运迎来了新的转机。凭借大跨度的空间结构和朴拙原始的材料质感，这里成为艺术家们的向往之地，由此引发了一次从工业遗迹变身为当代艺术馆的改造过程。改造区域大约是一个占地面积约 3800 平米规整的矩形，散布着 3 个厂房和大小不等的多处仓库。由于厂房地下设有人防设施，室内外地面均为混凝土，所以场地内鲜有树木。

C 空间布局 Space Planning

基于原厂房分散、封闭的外部环境特征，设计着力于建筑内外转换和场地关系的“关节”处理，加强艺术活动的公共性、开放性和灵活性，促进人与艺术环境的互动，使废旧厂房重现活力。一条透明的游廊重新整合原有场地的空间秩序，穿梭于旧厂房内外之间，改变旧建筑封闭、刻板的印象，新与旧产生有趣的对话。

D 设计选材 Materials & Cost Effectiveness

玻璃廊道的曲折界定了多功能的公共活动，包括书店、茶室、艺术家工作室、研讨室等，也使得一系列艺术馆的日常活动成为艺术展示的一部分。由镀膜玻璃和灰色花纹钢板构成的廊空间悬浮于室内外地面之上，勾勒出水平连续的内外中介空间。厂房内部最大化的保存工业遗迹的特征，适当添加人工照明和活动展墙，保持原始空间的灵活性。室外场地以干铺和浆砌鹅卵石板来塑造成一个完整的环境背景，局部覆土种植竹林，使内外环境交相辉映。

E 使用效果 Fidelity to Client

当代的艺术空间不仅是艺术品展示的载体，更应该是包含居民多种公共活动与日常生活的丰富的场所，让城市更“好用”，让艺术更“生活”。

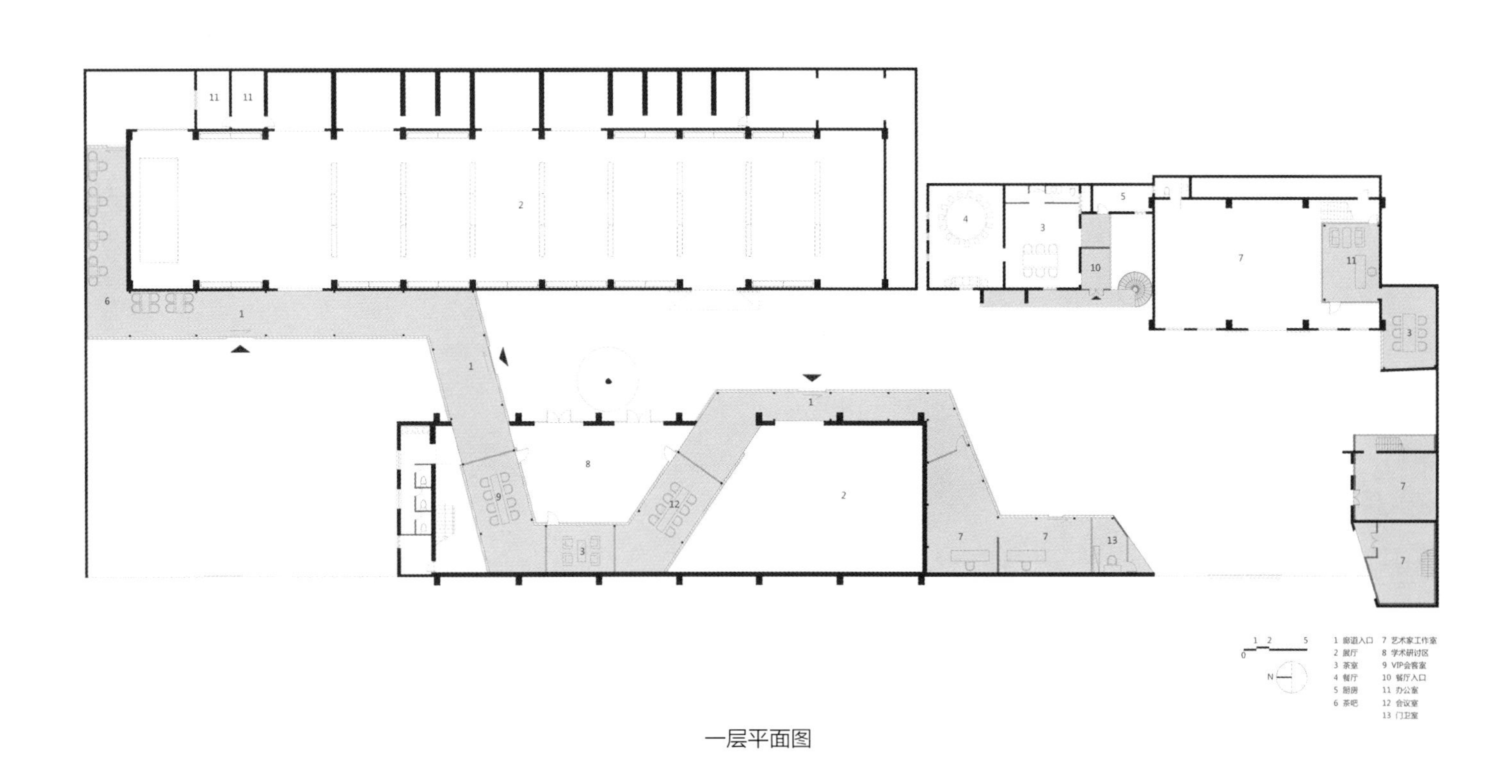
1 廊道入口
2 展厅
3 茶室
4 餐厅
5 厨房
6 茶吧
7 艺术家工作室
8 学术研讨区
9 VIP会客室
10 餐厅入口
11 办公室
12 会议室
13 门卫室
N

一层平面图

Public
公共空间

吉林市人民大剧院
JILIN PEOPLE'S GRAND THEATRE

前海深港合作区企业公馆特区馆
ENTERPRISE DREAM PARK

安顺旧州屯堡接待中心
JIANGNAN IN MOUNTAINS TOURIST CENTER IN ANSHUN CITY

自在空间设计·生活场
COMFORTABLE LIFE SPACE DESIGN, FIELD

深圳南山美国爱乐国际早教中心
PHILHARMONIC INTERNATIONAL DEVELOPMENT CENTER

成都环球广场中心天曜公共空间
SIRIUS – PUBLIC SPACE

上海松江广富林知也禅寺
SHANGHAI MATSUKO HIROFUBAYASHICHIYA TEMPLE

包头机场航站楼
BAOTOU AIRPORT TERMINAL

吉林市人民大剧院
JILIN PEOPLE'S GRAND THEATRE

项目名称 _ 吉林市人民大剧院 / **主案设计** _ 文勇 / **参与设计** _ 张龙、刘旭、杨宇 / **项目地点** _ 吉林省吉林市 / **项目面积** _37000 平方米 / **投资金额** _11000 万元

A 项目定位 Design Proposition
吉林市人民大剧院位于东山文化区内部，在吉林市的总体布局上占据重要位置。大剧院与吉林市全民健身中心及规划中的广电中心、科学宫构成了东山文化区的核心建筑群。建筑内有大剧院、小剧院和电影院三大功能区，满足大型歌剧舞剧、大型综艺节目、音乐会和地方戏曲演出，也将承接国内大型文艺巡演等，将极大丰富市民的文化娱乐生活，满足市民的精神文化生活需求，促进当地文化产业发展。

B 环境风格 Creativity & Aesthetics
设计灵感来源于当地满族传统服装中的马蹄袖、披肩领等象征着满族骑射征战“马上得天下”的辉煌历史。 室内空间将当地独特的自然景观：雾凇及长白山四季的色彩变化进行再创作，营造出展现地域文化特色的空间形式，旨在创造出真正使人获得情感升华的场所。

C 空间布局 Space Planning
大剧院、小剧院和电影院区域都有各自独立但又互相联系的休息大厅，满足观看不同演出观众的集散、交流，不同的交通形式形成了流动而富于变化的公共空间形态。

D 设计选材 Materials & Cost Effectiveness
吉林雾凇被称为“中国四大自然奇观”之一，设计抽象出这种特殊自然景观的形和神，定制了 GRG 异性模块，塑造出独有的肌理造型，成为空间的一大亮点。开放式构造背后增加吸声构造，满足了大型公共空间的防噪声要求。

E 使用效果 Fidelity to Client
2015 年 9 月 16 日晚，这里举行了第 24 届中国金鸡百花电影节开幕式暨文艺晚会。

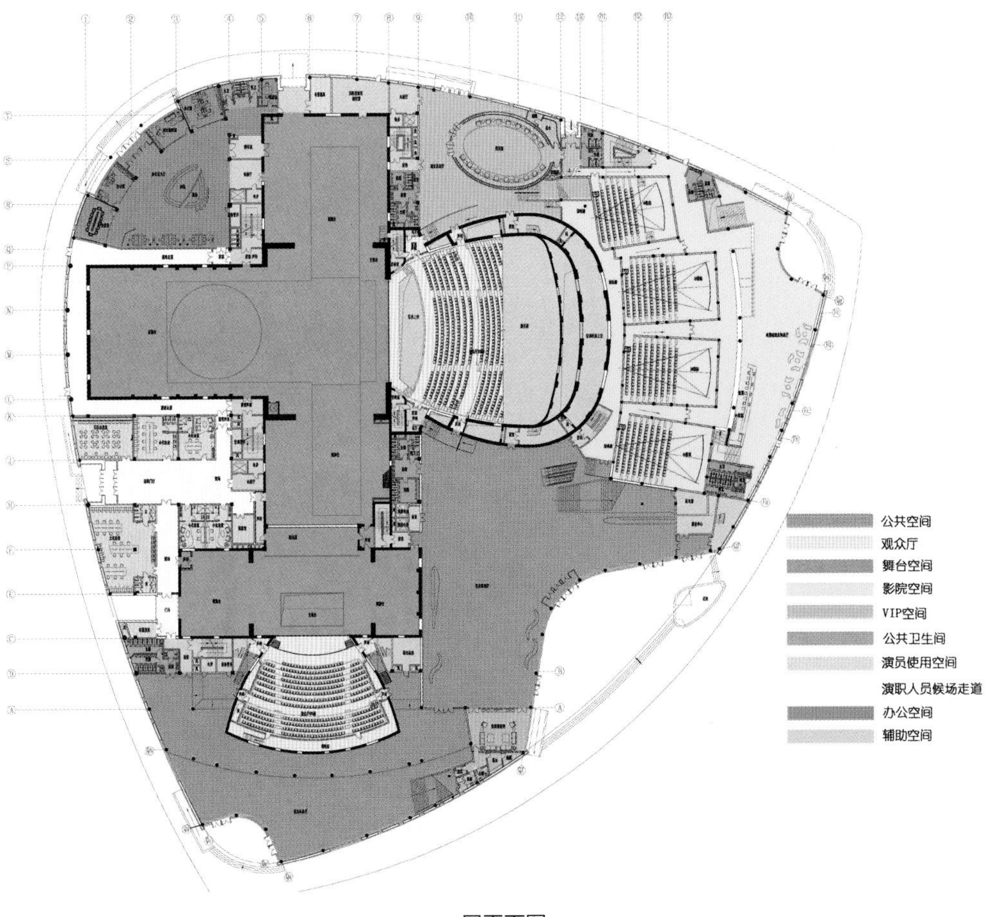

一层平面图

前海深港合作区企业公馆特区馆
INTERPRISE DREAM PARK

项目名称_*前海深港合作区企业公馆特区馆* / **主案设计**_*郭捷* / **参与设计**_*刘赢仁* / **项目地点**_*广东省深圳市* / **项目面积**_*10000平方米* / **投资金额**_*80000万元* / **主要材料**_*混凝土、幕墙玻璃、绿植等*

A 项目定位 Design Proposition

特区馆，集前海会展交易、新闻发布、外事接待等功能于一体，是前海的“名片”，也是前海的“客厅”，同时它也将成为前海的一处地标性建筑。

B 环境风格 Creativity & Aesthetics

特区馆的建筑概念源于蕴藏在石头中的钻石，这个建筑是在原石上经过人工切割的“钻石”雕塑。显露出来部分是不同角度切割面的“钻石”，显现出晶莹剔透的建筑质感。“石头”部分通过冰裂纹肌理的铝板来表达“石头”的质感。经过延续建筑的钻石切割面的做法，设计了三角形切面的草坡和防腐木休息区。铺装也是三角形的构图，并与建筑的转折面形成一个延续的关系，表现出建筑与景观的一体设计，景观的灯光设计按照人的步行流线与三角形铺装、草坡等的线条，设计成线性的灯光，并且刚柔结合，形成科幻、梦幻的灯光效果。

C 空间布局 Space Planning

国际会议中心与办公区域共同享有一共15米x42米的庭院空间，直接面对庭院采光通风的同时可以享受到庭院的景观。庭院空间可以通过一层西侧的架空部分与中央景观轴连接。

D 设计选材 Materials & Cost Effectiveness

建筑立面因面向环境不同，而采用了不同的外立面材质，混凝土、幕墙玻璃、绿植墙面交错链接，结合外遮阳，低辐射玻璃等技术，有效降低建筑空调系统运行成本，更加低碳环保。

E 使用效果 Fidelity to Client

万科前海公馆是“前海智慧活力体验场”，智慧前海的各项智能化措施优先在企业公馆得到应用。门禁、移动终端、会议终端等前端感知层通过智能化设备专网和专属办公网搭建起园区公共设施管理、客户工作与生活服务两大平台，为公馆区的客户提供全面完善的安全、设施、数据、人员等物业管理服务，由此构筑一个电子、网络、信息化、自助式的办公园区，搭建政企间、企业间、行业间互动交流平台，打造快乐工作、健康生活新型商务区，极大程度上改变了传统的物业管理运作模式。

宴会厅Ⅰ

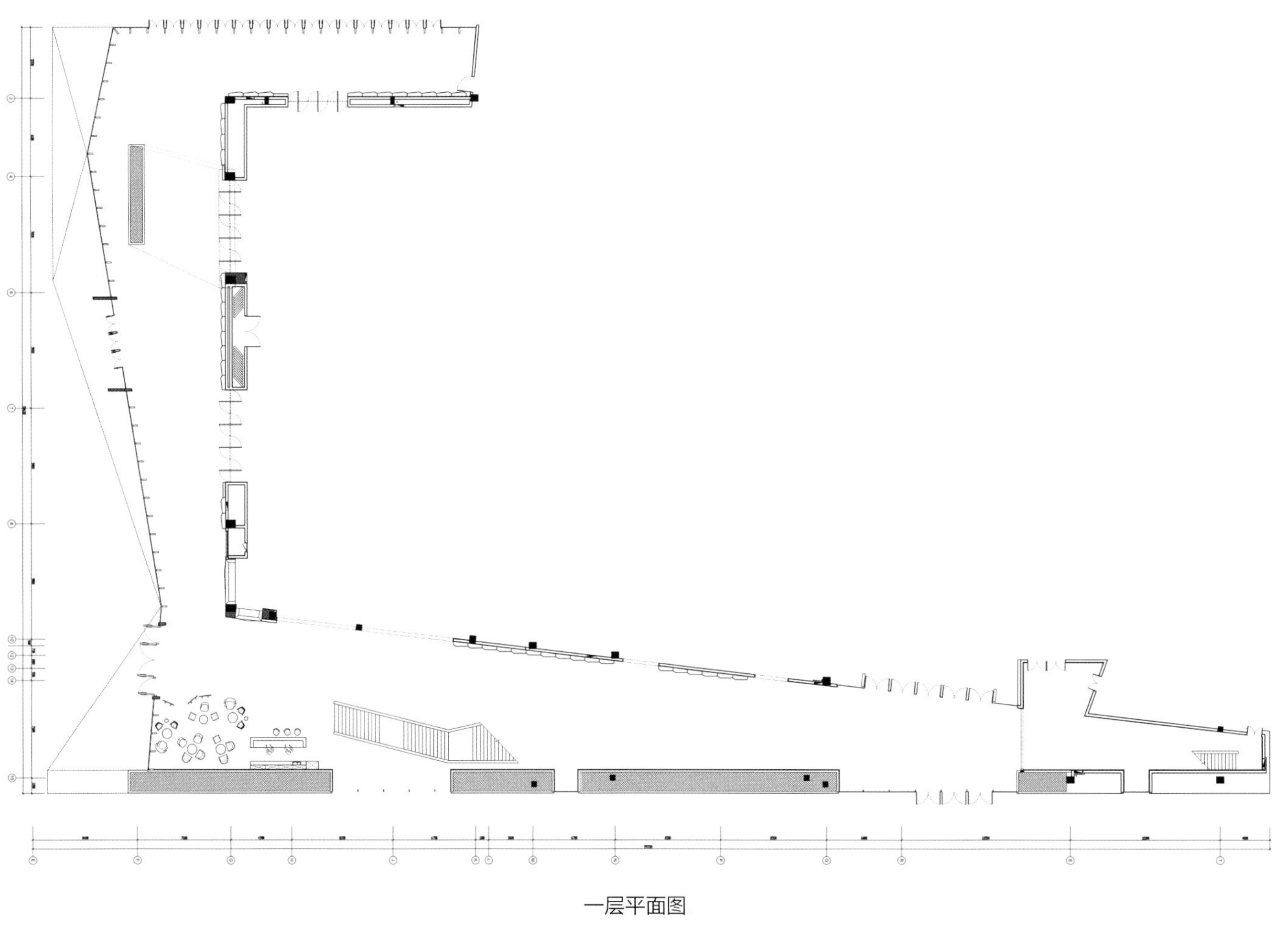

一层平面图

安顺旧州屯堡接待中心

JIANGNAN IN MOUNTAINS TOURIST CENTER IN ANSHUN CITY

项目名称 _ 安顺旧州屯堡接待中心 / **主案设计** _ 郭明 / **参与设计** _ 王鹏、叶格 / **项目地点** _ 贵州省安顺地区 / **项目面积** _6000 平方米 / **投资金额** _2500 万元 / **主要材料** _ 本地石材、橡木染色等

A 项目定位 Design Proposition

本案依偎于静谧的山谷之中，瀑布之下，展望渊博的民族文化，并与周围环境相得益彰，是设计的灵魂所在，在悠久的贵州地域文化中，建筑是一种媒介，可以使人们感受历史、社会和自然的存在。

B 环境风格 Creativity & Aesthetics

本次设计以贵州安顺屯堡文化为蓝本，将自然与人文完美融合。屯堡文化系明代从江南随军或经商到滇、黔的军士、商人及其家眷生活方式的遗存。随着岁月的变迁，安顺一带的屯堡人仍奇迹般地保存着600年前江南人的生活习俗，其民居、服饰、饮食、民间信仰、娱乐方式无不具有600年前的文化影子。不同文化的差异构成了一个文化宝库，诱发灵感而致设计的创新。一块屯堡石，一个木构人字顶，一件民族服饰、他们彼此融合互相作用，让地域特色嵌入设计，宛如一体。10米的建筑层高，为室内创作给予了极大的空间。延续建筑之美是室内设计追求的最高境界。

C 空间布局 Space Planning

步入大厅，依旧秉承了当地本真、纯粹的文化气质，并结合现代手法强化设计。借鉴枋，檩，椽，梁等元素勾勒空间，体现出别具韵味的建筑之美。原木吧台、如流水跌落的梭子形吊灯，静谧中透露着灵动。室内拙朴的屯堡石与落地窗外摇曳的竹林形成对比，将窗外的景色引入室内。通体的落地窗贯穿始终，即成就了视野也满足了采光。随景而来的是文化展厅。设计之美是智慧铸就的，不仅如此，设计之美还源自生活的点点滴滴，一片小小的蜡染布，成了设计师最好的装饰材料。

D 设计选材 Materials & Cost Effectiveness

室内灯具的设计借用了当地乐器芦笙及纺纱用的梭子为原型进行再设计，都是设计师结合当地文化元素创作的经典之作。

E 使用效果 Fidelity to Client

享受自然是人类的本性，关注文化特色是人类的共同追求。对于游客中心的设计而言，营造文化内涵和何护自然生态同等重要，是义不容辞的责任。只有深刻挖掘空间的生态价值及人文价值，才能在自然景观与人文景观的融合中体现天人合一的境界，触动每个游客的心灵。

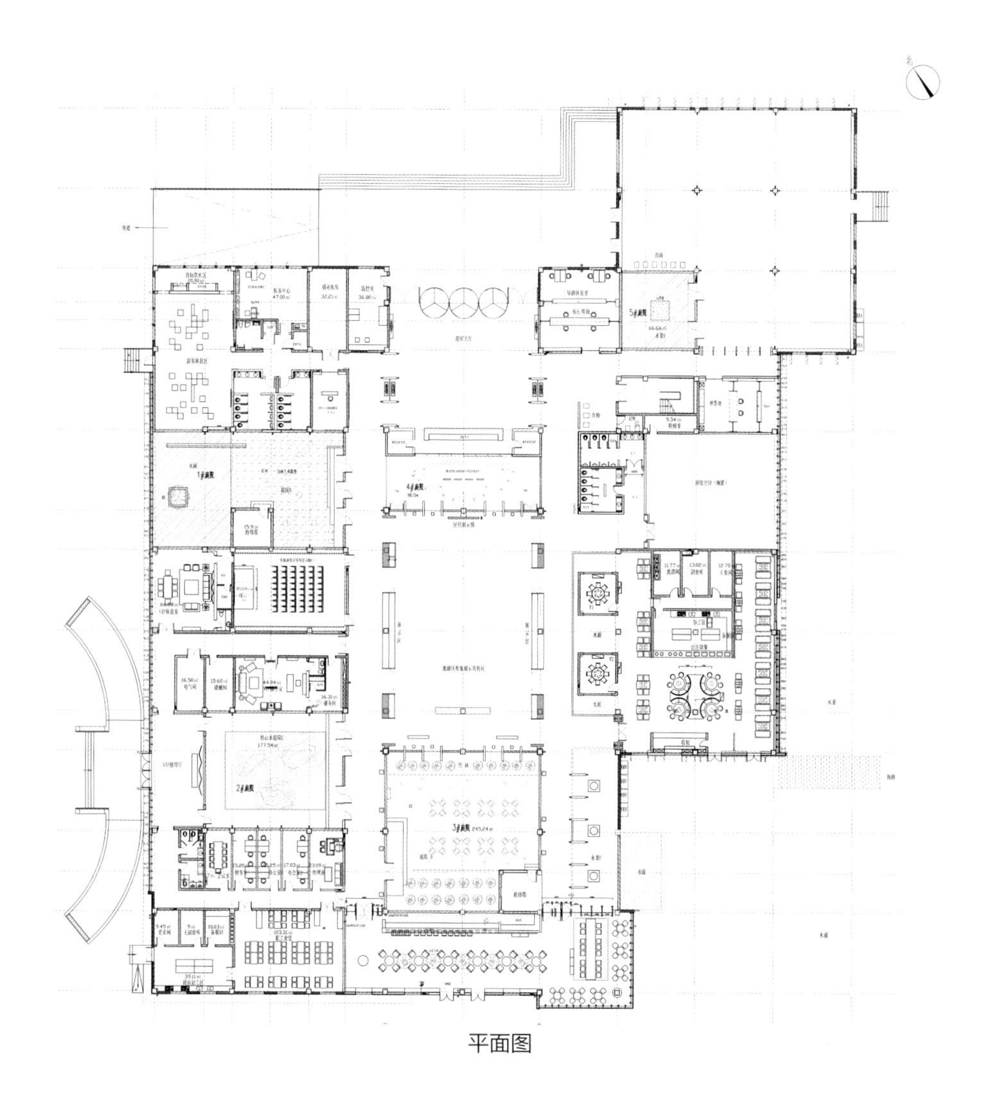

平面图

自在空间设计·生活场

COMFORTABLE LIFE SPACE DESIGN. FIELD

项目名称 _自在空间设计·生活场 / **主案设计** _逯杰 / **参与设计** _郝改、阎珍 / **项目地点** _陕西省西安市 / **项目面积** _2000 平方米 / **投资金额** _500 万元 / **主要材料** _旧松木、美岩板、加拿大红雪松、回收老青砖、锈铁、研磨水泥等

A 项目定位 Design Proposition

项目位于古都西安最大的文创产业园——半坡国际艺术区。一方面对原有的老工业遗址进行保护性利用，另一方面是以设计的思想去挖掘传统与当代艺术的融合方式，为实现城市文化多元化做了一次探索与尝试。

B 环境风格 Creativity & Aesthetics

项目在设计与实施的过程重一直将生态、自然、人文作为主题，以真实、自然、简约的理念贯穿其中，阳光、绿植、水景为空间的主角，表现轻松、自在的环境与意境。

C 空间布局 Space Planning

在空间布局上，秉承新旧建筑相融的手法，一方面保持老建筑原有的风貌，另一方面用设计的方式让新建筑与之呼应共舞，产生既对比又统一的效果，让岁月的痕迹以艺术的方式去展现，同时用围合布局设计让前后的庭院成为空间的核心，让新旧建筑在禅意庭院的映衬下和谐共处。

D 设计选材 Materials & Cost Effectiveness

在设计与实施过程中，材料的选择是将原老工业厂区拆除中可利用的老旧材料做为首选，加之有自己的木料工坊，所以作为既是甲方又是设计师的业主，在整个项目的实施中不断尝试着老料新做、粗料细作的工艺，并以此为乐。希望通过这种自主项目的实验可以获得更多的经验与方法，以期在更多的项目中推广。

E 使用效果 Fidelity to Client

从 5 年前起心动念到如今一切成为现实，我一直希望尝试探索着去挖掘这样一个空间，可以将生活与创作，现实与理念，经营与体验有机融和在一起，让更多在都市中忙碌的人们有这样一个角落能体验身心的放松，同时也希望带给他们一种感同身受、触景生情的意境，在“看得见山，忘得见水，记得起乡愁”的悠思中去追寻每个人心中的“自在空间”。

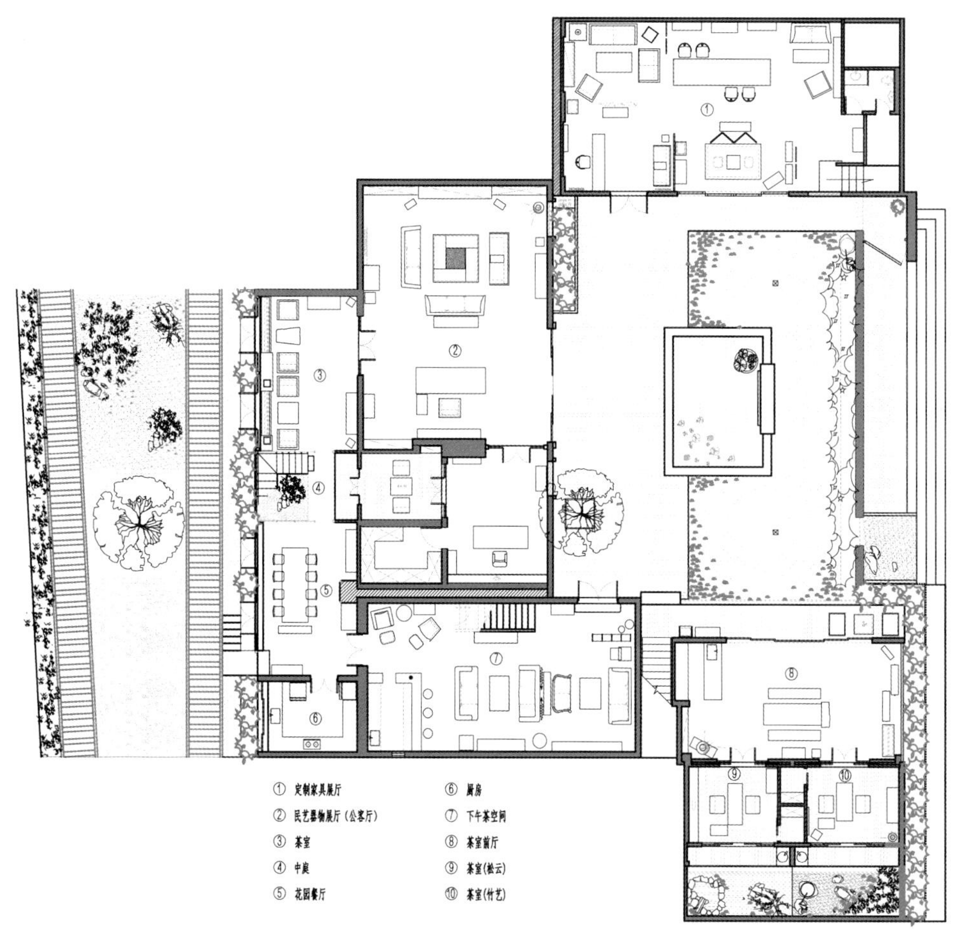
① 定制家具展厅
② 民艺器物展厅（公客厅）
③ 茶室
④ 中庭
⑤ 花园餐厅
⑥ 厨房
⑦ 下午茶空间
⑧ 茶室前厅
⑨ 茶室(松云)
⑩ 茶室(竹艺)

一层平面图

舍

深圳南山美国爱乐国际早教中心
PHILHARMONIC INTERNATIONAL DEVELOPMENT CENTER

项目名称 _ *深圳南山美国爱乐国际早教中心* / **主案设计** _ *钟建福* / **项目地点** _ *广东省深圳市* / **项目面积** _ *1000 平方米* / **投资金额** _ *350 万元* / **主要材料** _ *亚麻油地板等*

A 项目定位 Design Proposition
设计师秉承“关爱、关心和关注婴儿成长环境”设计理念，意在为现代都市里娇嫩的小朋友们创建一个美丽的森林城堡，让他们在美丽的大森林中自由游玩、健康成长。

B 环境风格 Creativity & Aesthetics
以一种模拟自然环境的表现风格，给人呈现出一种活力和生机勃勃的印像。

C 空间布局 Space Planning
空间布局上像流水般的随意自然，屏弃了中规中矩的设计，都是按儿童的本性专门设计安排的布局，充满童趣。

D 设计选材 Materials & Cost Effectiveness
选材方面地面采用亚麻油地板，以适合儿童的环保、柔软的材料为主。

E 使用效果 Fidelity to Client
充满童趣的儿童城堡似的设计，体现了对儿童的关爱精神，运营后非常受欢迎，在深圳被引为标杆。

美国爱乐国际早教中心
Kindermusik

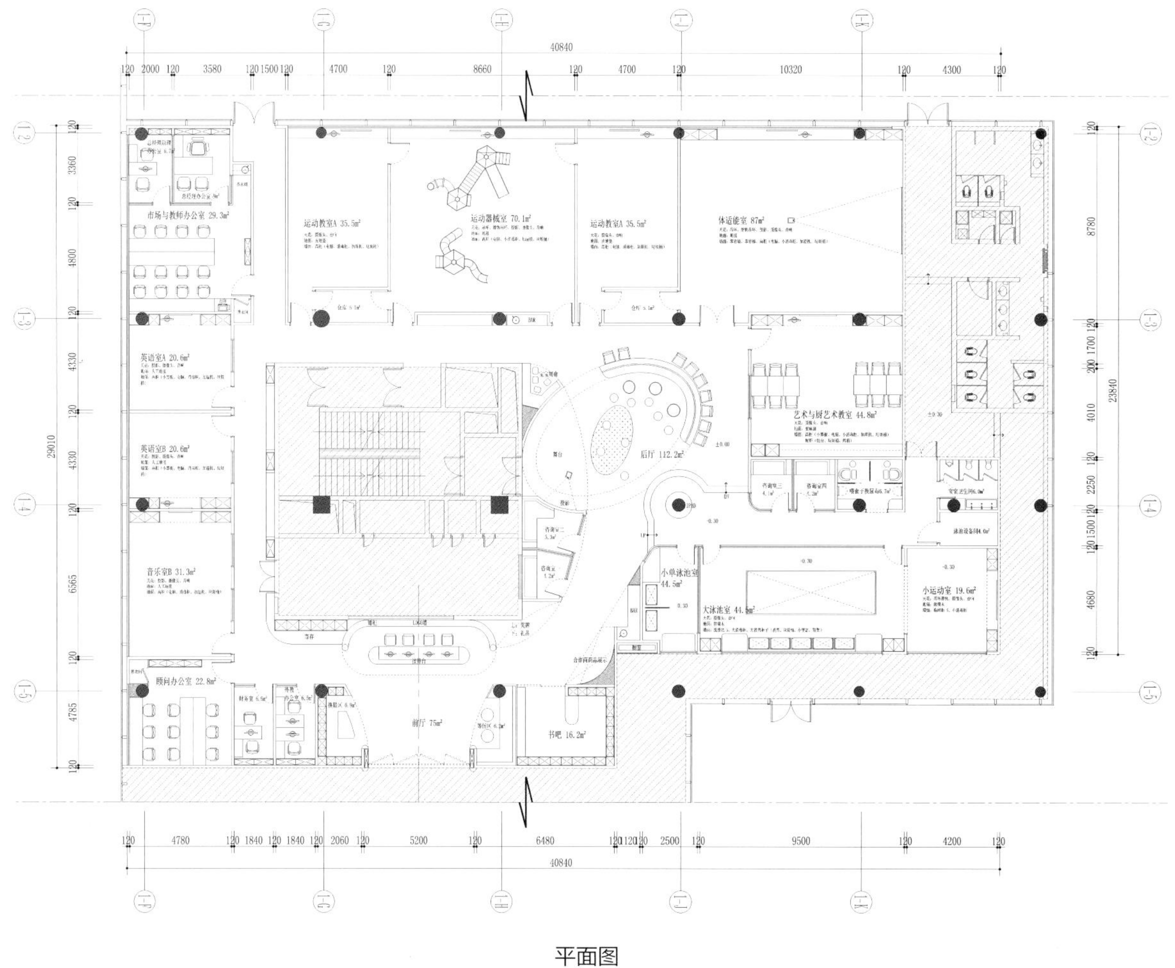
40840
120 2000 120 3580 120 1500 120 4700 120 8660 120 4700 120 10320 120 4300 120
市场与教师办公室 29.3㎡
运动教室A 35.5㎡
运动器械室 70.1㎡
运动教室A 35.5㎡
体适能室 87㎡
英语室A 20.6㎡
英语室B 20.6㎡
艺术与厨艺术教室 44.8㎡
后厅 112.2㎡
舞台
±0.00
咨询室三 4.1㎡
咨询室四
-0.30
泳池设备间4.0㎡
音乐室B 31.3㎡
小单泳池室 44.5㎡
大泳池室 44.5㎡
小运动室 19.6㎡
顾问办公室 22.8㎡
财务室 6.5㎡
前厅 75㎡
书吧 16.2㎡
120 4780 120 1840 120 1840 120 2060 120 5200 120 6480 120 120 120 2500 120 9500 120 4200 120
40840
29010
23840
平面图

I LOVE GYM
爱乐国际早教中
I LoveGym Children's Fitness Cen
WEER:
ma
di
PELT

成都环球广场中心天曜公共空间
SIRIUS – PUBLIC SPACE

项目名称 _成都环球广场中心天曜公共空间 / **主案设计** _许学盈 / **项目地点** _四川省成都市 / **项目面积** _240 平方米 / **投资金额** _334 万元 / **主要材料** _进口石材、木皮等

A 项目定位 Design Proposition

成都环球广场中心 A 地块住宅建设，乃成都中心区内指针性的项目。住宅塔楼共十栋。建筑布局每栋朝向不一，充分发挥了地块的优势，及提供了多面园林景观的创造。建筑体外型现代，着重空间与生活环境之无缝配合。

B 环境风格 Creativity & Aesthetics

其室内公共空间及住宅的精装设计，贯彻了建筑理念，刻意提升室内外空间与环景之交错效果。室内设计风格以高品位国际级都会精品酒店概念打造，讲究空间及视觉比例，材质及细部的精练，实践现代豪华的生活体验。

C 空间布局 Space Planning

首层住宅大堂的室内建筑以环回落地玻璃作四方定位，透视大堂外周的建筑布置及园林景观；使有限空间内，得到无限的视觉伸延。大堂平面空间层次分明，由入口、接待处、休息区、信报间、电梯厅等功能设施，以一步一体验串连开展。大厦首层与地下层车库入口大堂亦有着一挑空空间连接，体验了平面以外的三维空间。每座大堂中央设置一巨型透光云海图案雕刻玻璃立体装置，巧妙地隐藏了背后的大楼结构墙体。夺目的雕刻玻璃装置，亦有效地使十栋住宅大堂交错于地块园林的景区里，互相辉影。

D 设计选材 Materials & Cost Effectiveness

在雕刻玻璃装置旁边的大堂休息区设置了沙发、茶几、台灯、艺术地毯等，营造了“客厅”的感觉。其他的接待前台及信报箱都以高格调家具处理，造型轻巧，贯切了生活性。大堂墙体和地面都铺装了进口石材，部分墙面以深色木皮饰面造型处理，配上专业灯光效果，使大堂丰富豪华，亦多添一份舒泰，住客每踏进大堂，便感受到一国际级“家”的感觉。

E 使用效果 Fidelity to Client

反响很好。

平面图

上海松江广富林知也禅寺

SHANGHAI MATSUKO HIROFUBAYASHICHIYA TEMPLE

项目名称 _上海松江广富林知也禅寺 / **主案设计** _金佳明 / **项目地点** _上海市松江区 / **项目面积** _3000 平方米 / **投资金额** _8000 万元 / **主要材料** _木材、玻璃等

A 项目定位 Design Proposition

知也禅寺是座传统寺庙，源于历史遗址，复建于 2009 年，坐落于有着“上海之根”之称的广富林文化遗址公园一角，本为纪念知也禅师施医救人之善举而复建。同时为了迎合业主对于园区的风格定位，项目整体从建筑到室内都秉持这传承延续唐式风格的元素脉络，寻找唐代佛教设计之源。

B 环境风格 Creativity & Aesthetics

秉持着景观、建筑、室内从材料、造型、元素等全方面的唐式传承，结合禅宗三宝内涵“佛——觉悟”、“法——真理”、“僧——清静”为设计理念，将唐风及宗教文化元素贯穿在整个设计中，希望复建后的寺院既能体现佛教文化的肃穆庄严，更能成为一处带给人信心、欢喜和希望的地方。

C 空间布局 Space Planning

佛殿类空间尽可能的还原、传承唐代传统布局，包括佛像的数量、布置位置都是与相关的佛教专家顾问逐步沟通最终采用最居唐代特色的布局方式。而在其他功能性空间的设计中就更多地考虑使用与管理方面的因素。

D 设计选材 Materials & Cost Effectiveness

与众多砖石结构的寺院不同的是其空间木材的大量合理使用。墙面壁画以东阳木雕为主，木饰面精致生动，木材本身的温暖触感更为空间增添了亲切感。室内全部铺设的木地板，也有别于一般寺庙使用的冰冷石材，整个空间温暖、轻松而有质感。于是人们进入大殿前的脱鞋之举，都变得是那样的和谐自然。室内设计中运用了一定量的琉璃，这是较为创新的想法，其透光、灵动、活泼的感觉也打破了一般传统寺院的做法，使整个室内空间没有了以往的阴沉和压抑，取而代之的是温暖与明亮。

E 使用效果 Fidelity to Client

项目属于非营利性质，开院至今不但香客众多，更有众多想要学习、寻找唐式风格的学者游客慕名而来，同时它也多次成为剧组采景的景点。

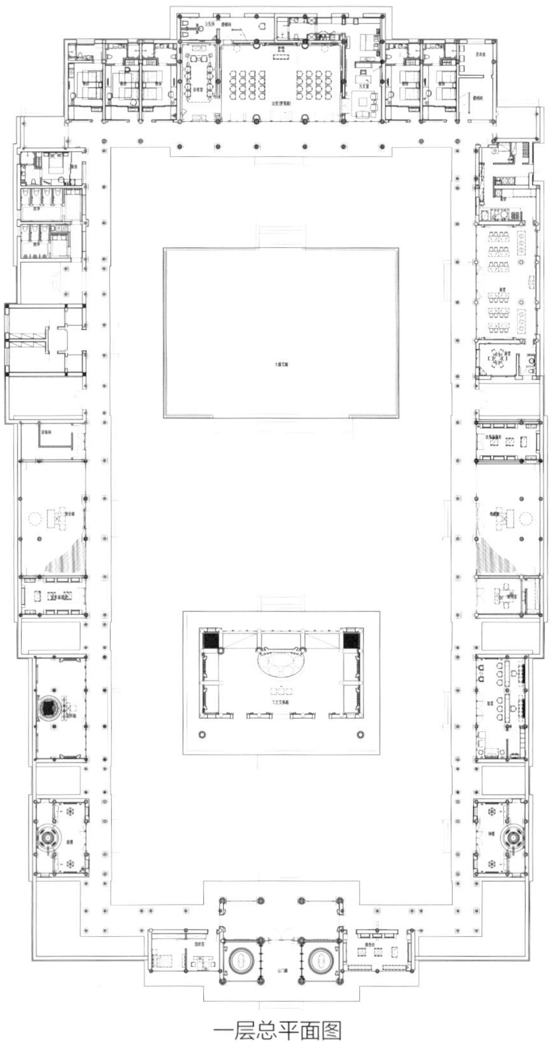

一层总平面图

忍辱
布施

廣植福田

知天知地知古知今知人知面難知心

包头机场航站楼
BAOTOU AIRPORT TERMINAL

项目名称 _ 包头机场航站楼 / **主案设计** _ 李俊瑞 / **参与设计** _ 焉凌、曹小波、王宇琼、王旭 / **项目地点** _ 内蒙古包头市 / **项目面积** _36000 平方米 / **投资金额** _12000 万元

A 项目定位 Design Proposition
原有机场不能满足目前使用。

B 环境风格 Creativity & Aesthetics
色彩明快、导向性强是交通建筑设计的重点。

C 空间布局 Space Planning
在装饰装修设计时没有改变原建筑设计的空间布局，室内外协调统一。

D 设计选材 Materials & Cost Effectiveness
材料选用绿色环保、耐用、易清洁的，尽量不使用不可再生材料。

E 使用效果 Fidelity to Client
投入运营后得到业内人士及甲方的高度评价和认可。

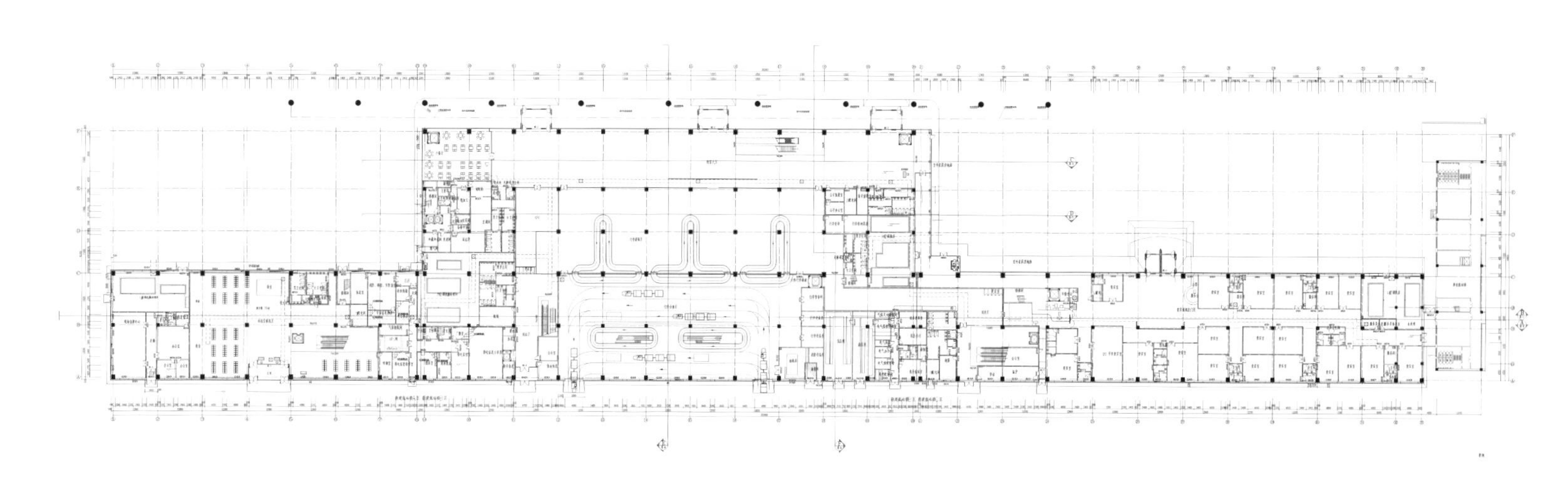

一层平面布置图

03-05
08

01

12 03
02.
SHJXLS

安全检查
Security Check
07
06